大都會文化
METROPOLITAN CULTURE

大都會文化
METROPOLITAN CULTURE

大都會文化
METROPOLITAN CULTURE

大都會文化
METROPOLITAN CULTURE

從小貓變老虎

你一定要知道的事！

前言

從前有一隻老虎當上了森林之王，隨即頒布了律法，其中明定「殺人者死」。

有一天，鴨子狀告狐狸，說牠吃了一隻雞。老虎大怒，派人把狐狸抓來，在豺、狼、豹、熊、野豬以及鴨子的作證下，老虎宣判狐狸死刑，於是森林動物們大呼「老虎萬歲！」

有一天，鴨子又檢舉了狼，老虎同樣派人把狼抓來，在許多證人的作證下，動物們紛紛要求將狼處死，以維護社會秩序，彰顯司法公正。

不過，這次老虎咳了一聲，用眼睛掃了動物們一眼，大聲說道：「狼是我的親戚，我的親表弟。」接著停頓了一下，再度看了大家一眼，繼續說：「不過，如果狼真的犯法，那也應該受到處罰。」接著又咳了一聲大聲說：「我不會放過任何一個壞人，但，也決不允許有人冤枉好人！假使有誰冤枉了狼，我決饒不了他！」

老虎語畢，鴨子漫步走上前說：「尊敬的王，公正的王，大義滅親的王，我親眼看到狼吃掉了雞，當時在場的豹、豺、野豬、熊都看到了。」老虎聽完兇狠狠的看了鴨子一眼，並冷冷問了其他證人，其他證人無不改口：「不在場，不知道，沒看見。」於是老虎開心地大笑說：「是啊！狼怎麼可能吃雞呢，既然大家沒看到狼吃雞，那麼鴨子是不是犯了誣告罪？」動物們互相打量後，全都小聲的稱是。老虎聞畢便說：「那麼按照法律規定，就應該判鴨子死刑！」老虎說著便一把抓住鴨子，將鴨子撕成了碎片，然後一邊吃著鴨子，一邊說：「我向來是秉公執法，

執法必嚴，決不袒護。以後有作姦犯科者，就是鴨子的下場。」

上班族應該對這寓言故事的場景感到心有慼慼焉，因為它闡述了職場上「伴君如伴虎」的真諦。老闆在員工眼中就像猛虎般喜怒無常，職位越高的員工，每天越要在虎口下繃緊神經求生，深怕一個不小心，踩了老虎尾巴，惹來虎爪。

不過，老虎雖為統御百獸之王，過去也都曾是隻柔弱的小貓，因此，每隻小貓跟著老虎，看著牠的背影，心裡都藏著一個老虎夢，期盼自己有天也會是個威風凜凜的王。這是欲望、野心與進取心，也是自我的期許。小貓會長大，但終究不是每隻都能變成大老虎，唯有準備充足，在天時、地利、人和時，小貓最後才有機會一躍成虎。

初出社會的新鮮人就像小貓一樣，是個職場菜鳥，要面對的是完全不同於學校保護的真實社會，所以越先瞭解職場與社會運作方式的人，就越容易融入，比別人搶先站定位置。因此新鮮人在這場職場卡位戰中，首要學習的目標並不是如何功成名就，而是如何掌握求生技能，讓自己在職場上生存下去，因為現實是殘酷的，只有適者才能生存。

職場如戰場，能在職場上存活下來的人，就像逐漸成長茁壯的成年大貓，從菜鳥漸漸變成老鳥，此時所需的除了繼續求生的能力外，還需要面對各種挑戰的戰鬥技能，因為你需要與別人爭鬥來獲得更好的機會與生存環境。

從菜鳥到老鳥，再往上就是管理階層，一旦升到管理職，要面對的競爭只會越來越艱困，因為你已不再是街頭上爭地盤的野貓，而是叢林裡的老虎，你的戰場已經從城巷轉移到了更嚴峻的叢林，空有戰鬥技能是不夠的，因為你得搞定叢林裡的百獸。所以唯有瞭解叢林法則的老虎，才有機會成為百獸的王。

然而，僅僅只是稱霸一方的百獸之王，就像一間公司的老闆，並非天

下無敵，一旦有所鬆懈，就會被其他老虎給擠下王座而稱臣。所以老虎的眼光要放遠，因為百獸之王是高點，卻不是頂點，眼前還有萬獸之王。因此，此時你不僅要懂得領導百獸，更要回歸小貓的原點，掌握自然的淘汰法則，挑戰更上一層樓。

本書第一章「小貓的求生指南」是獻給社會新鮮人的指南；第二章「大貓的教戰守則」是針對老鳥的建言；第三章「老虎的叢林法則」則是寫給管理階層與老闆們的叮嚀；最後第四章「自然的生存法則」，一切又回到了小貓的求生本能，因為老虎不僅要統御叢林內的百獸，更要面對叢林外嚴厲的競爭，所以如果沒有經常保有挑戰的鬥爭心，就無法在商場上生存。

這四章沒有預設既定讀者，因為其實每一階段都是息息相關的。小貓如果不知道大貓與老虎的心思，又怎能在職場求生？大貓夾在同事與老闆之間，如果不知道兩方的想法，又怎能應付自如？老虎位居上位，如果沒法透析小貓與大貓的生態，又怎能留住人才、團結群體呢？所以不管你現在是小貓、大貓、還是超級大貓，本書絕對都是你不能錯過的。

每個人都會經歷小貓與大貓的階段，但並非所有人都有機會當老虎，但那卻是每個人心裡潛藏的事業心。想要從小貓變為老虎，除了要知道如何與虎相伴外，更要學習怎麼當隻老虎，因為唯有像老虎一樣思考，你才有機會更接近老虎。而老虎如果不曾經歷過小貓與大貓的階段，就永遠不會是一隻成功的老虎。

CONTENTS

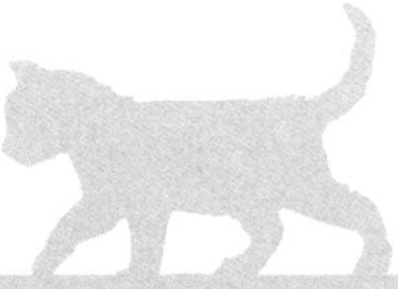

Chapter 1
小貓的求生指南

CONTENTS

Chapter 2
大貓的教戰守則

C O N T E N T S

Chapter 3
老虎的叢林法則

C O N T E N T S

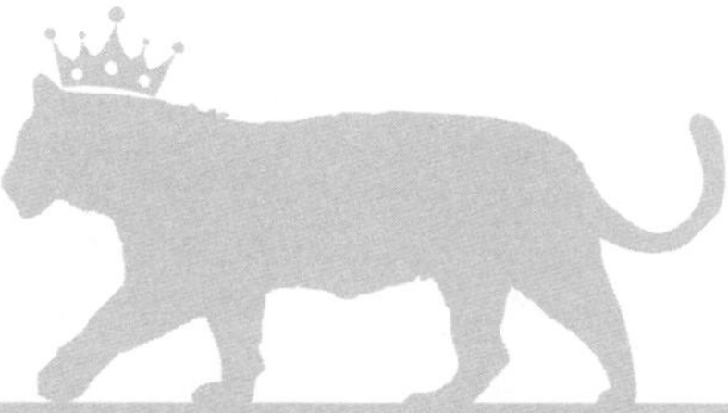

Chapter 4 自然的生存法則

Chapter 1
小貓的求生指南

社會新鮮人的首要任務不是學習如何成功，而是如何在職場生存，因為適者才能生存，不適者終將被自然淘汰。

眼觀四面，耳聽八方

如果仔細觀察野貓，就會發現，小貓最初都是以母貓為中心打轉，直到小貓對周遭環境開始產生好奇心時，才會踏出冒險的第一步，進而漸漸脫離母貓邁向獨立自主，這是牠們成長的開始，也是牠們真正認識世界的開端。

剛出校門的年輕人，就像小貓一樣，縱然滿腹經綸、大有主張，但如果所知所學都只是來自母校與書籍的理論，對認識現實社會並無太大的助益，因為現實社會裡的環境具有其特殊性，而這些特殊性正是現實之所以為現實的重要因素。如果你只想靠書本上的理論來認識、應付社會，絕對會飽受挫折，產生與社會格格不入的感覺，因為現實講求的不外乎是「經驗法則」。

小貓剛脫離母貓保護時，對世界的認識有限，既沒有「馬路如虎口」的概念，也沒有潛藏危機的認知，所以行動總是橫衝直撞，可是當牠親眼見到同伴被車撞死，或自己經歷過生死交關的驚嚇後，就會懂得先伸出腳掌來感應路面振動，藉此判斷是否有來車，而這就是經驗累積後所帶來的本事。

因此，社會新鮮人的首要任務就是學習現實社會中的特殊性，藉此累積經驗、融入環境。如何學習現實社會的特殊性呢？孔子說：「三人行，必有吾師焉。」只要時時眼觀四面，耳聽八方，仔細觀察，將現實社會當成課本，把每個人都視為師長，不論地位高下、知識深淺，他人的專業經驗總有一部分是值得學習的。藉由虛心求教、隨處留意，向甲學習一些，向乙學習一些，今天學一些，明天學一些，積少成多，把零星片段漸漸組織、聯貫起來，就能累積實用經驗，明白現實社會的特殊性，自然減少遭遇碰壁與挫折的可能，如此才得以保持朝氣，在職場上生存下去，並獲得

較豐碩的成就。

不過，當你在學習社會的特殊性時，要注意一點。不論你所看到或聽到的是正面還是負面，都要牢記在腦裡，並避免任意批判，因為這些都只是片段，你該做的不是批判，而是找出相符之處是否有相關之處？是否有出入之處？用現實社會的特殊性來補充書本上的理論，完善書本的理論，實驗書本上的理論，跟現實社會的特殊性逐漸打成一片。特殊性有了理論的根據，書本上的理論有了現實的根據，你的應世工具便能比一般人高明，你的發展便能比一般人有希望。

認認真真，兢兢業業

「職業不分貴賤」是一種理念，要得是尊重各行各業，以自己的職業為榮並且盡力而為，也是歐洲教育與亞洲教育最大的區別。

現實中，無論你從事什麼，是大樓管理員、收發文件，還是做中階管理工作，不論職位高與低、輕與重，想獲得進一步發展的關鍵，首先就是要看重自己的崗位。在一個單位或部門裡工作，除了找對自己的位置，還要根據職位的輕重採取不同的處世方式。如果職位重要，表示你已得到了主管的器重，可以盡可能在主管所轄範圍內施展才幹。如果職位較輕，則說明你尚未被上司重用，一言一行還須謹慎從事，一方面要盡力表現自己，另一方面要學會避免讓自己鋒頭太健，因為那樣可能會引來嫉妒和反感，使自己陷進人際關係的危機之中，最後毀於「木秀於林，風必摧之」

的世俗觀念中。這對有才幹的人來說，是應該引以為戒的。

那麼，究竟怎樣做才算得體呢？

首先工作必須稱職，認真對每件事負責。大多數人都認為主管的眼睛雪亮，如果工作表現好，遲早會獲得上司注意。可惜事情往往不是這樣發展。想讓人看到自己的努力，就得先從小處著手，認真對每件事負責，才能率先達到「稱職」的標準。

法國作家大仲馬有一個朋友，投稿經常被出版社拒絕。當這位朋友來向他求教時，大仲馬的建議很簡單：請一個職業抄寫員把稿子乾乾淨淨重寫一遍，再把題目做些修改。這位朋友聽從了大仲馬的建議，結果他的文章就被一個以前拒絕過他的出版商看中。

由此可知，魔鬼藏在細節裡，再好的文章，如果書寫太潦草，誰會有耐心去拜讀呢？只是一個小動作、小細節，就能讓結果完全不同。

一家皮貨商訂購一批羊皮，在合約中寫道：「每張大於四平方尺、有疤痕的不要。」注意，其中的頓號本應是句號。結果供應商沒有詳細問清楚，發來的羊皮都是小於四平方尺的，使訂貨者啞巴吃黃連，有苦說不出，損失慘重。

「粗心」、「懶散」、「草率」等這些評價，送給生活中成千上萬的失敗者毫不為過。有多少人，包括職員、出納、會計、編輯，甚至大學教授，就是因為一個粗心、馬虎而丟了他們的工作。而馬馬虎虎、敷衍了事的毛病，也可以使一個百萬富翁很快傾家蕩產。

相反的，做事認真，則能幫助一個人獲得成功。工作上稱職的人，往

往會被上級主管視為嶄露頭角的優秀人才或部門裡的能人。

除了工作要稱職，新鮮人也要比別人多努力一些，表現比預期更好，才能脫穎而出，擁有更多的機會。

一起進入公司的俊杰與志豪，最初領同樣的薪水，可俊杰後來升職加薪，而志豪卻一直在原地不動。志豪很不服氣，有一天他終於忍不住到老闆那問個明白。老闆一邊耐心地聽他抱怨，一邊在心裡盤算著怎樣向他解釋他和俊杰之間的差別。「志豪！」老闆開口說話了，「你去便利商店幫我看看今天報紙有什麼重要新聞。」志豪過一會回來向老闆彙報說，今天《中國時報》的頭條是台股因政府新策而大跌。

「那《聯合報》呢？」老闆問。

志豪馬上又跑到便利商店，然後回來告訴老闆。

「《自由時報》呢？」

志豪再度前往便利商店。

待志豪回來後，老闆對他說，「好吧，我剛剛已經請俊杰作同樣的事，現在你坐到旁邊看看他怎麼說。」

一會後俊杰從門口進來，他向老闆彙報說：「今天新聞頭條都是台股大跌132點，原因是昨天行政院宣布的新政策，《中國時報》與《聯合報》將原因指向投資人對政府政策信心不足，《自由時報》抨擊政院政策反覆，決策草率。《蘋果日報》則大篇幅分析未來政策會帶來的經濟影響，我想這個政策與我們公司營運也有些關聯，所以我把各大報都買回了一份，我想老闆你會想要瞭解其中的相關資訊。」

當俊杰完成彙報，老闆隨即轉向志豪，對他說：「現在你應該知道為什麼俊杰的薪水比你高了吧？」

志豪跑了三趟，才在老闆的不斷提示下，帶回有限的資訊，而俊杰僅跑一趟就掌握了老闆的需要和可能的資訊需求。現實生活中也有不少人像志豪那樣，上司說一就是一，說二就是二，吩咐什麼做什麼，自己從不用腦，結果長期不被重用，還感嘆命運不公。而像俊杰那樣辦事靈活，效率又高的人，不僅圓滿完成上司交代的任務，還主動給上司提供參考意見和盡可能多的資訊，自然會得到上司的賞識和青睞。

適才適所，量力而為

社會新鮮人要比別人更努力，但俗話說「適才適所」，每個人都該瞭解自己的能力與取向，找對位置才能發揮所長，獲得賞識與成功，努力也才會有意義。

美國有家大企業的會計長，才華洋溢，才三十五歲，在拿到會計學碩士學位後進入公司，一路努力爬升到現在的職位，收入豐厚。但是他卻深感挫折，憂心忡忡，因此尋求心理諮詢，對醫生講述了自己的經歷：

他過去有過兩次成功的工作經歷，一次是推銷雜誌，後來發展到有好幾個小夥伴幫著他一起推銷，另一次是和朋友建立一家

印刷廠，並由他擔任業務，結果存下了足以供他上大學的財富。後來，由於父親的建議，他從大學開始學習會計學，然後又靠推銷和經營賺來的學費取得碩士學位。

畢業後，他就被現在任職的這家大公司錄用，在企業裡一路升到會計長的位置。不過，儘管他非常努力，表現卻不受肯定，經常為人指責，因此挫折感也越來越大，不時有同事質疑他的不勝任。因此，他只有在週末時才會感到快樂。漸漸地，公司與同事都對他的表現越來越不滿，連自己也對自己越來越沒信心。

最後心理醫生幫他解開了心結：他不適合會計長的職務，即便他擁有碩士學位，但他的興趣不在此，所以雖然能勝任一名普通的會計人員，但「會計長」一職卻超出了他的能力範圍。心理醫生道破他工作不快樂的來由，他想通了，主動向公司請求辭去會計長一職，轉調業務部。這家公司失去了一個名不符實的會計長，卻得到了一個樂此不疲和績效驚人的業務主管。

因此，在職場上永遠不要選擇不適合你自己的事，那樣做不僅使自己變得不快樂並且愁容滿面，也傷害了信任你、委託你辦事的人，對公司更是一種損失。

另外，社會新鮮人總要比別人更努力，但凡事還是要量力而為，若僅僅只為了儘快獲得賞識，而在不具備某種能力的情況下，誇下海口，大包大攬，最後只會誤了事，影響自己的聲譽，讓別人發現你其實根本就不行！

有一職員因為職位低而自覺被人看不起，後來他發現無論職位多高的同事，在訂連續假期的火車票時，都會遇到很大的困難，所以即使自己沒有取得火車票的特殊管道，但為了獲得大家

的認可了，證明自己的能力，這位職員硬是對同事說有辦法弄到票，於是同事們紛紛請他幫忙，他也有求必應，一一答應下來，可是沒有購票門路的他，也只能在半夜三更去排隊買票。結果託他買票的人越來越多，最後把自己逼進了死胡同。

這就是沒有考慮自己能力所造成的後果，買到票，贏得幾句了不起的稱讚；沒買到，反而失去了信譽，最後也荒廢了自己的工作職責。

讚許本身無損於你的精神健康，事實上，受到恭維是十分愜意的，但是，把尋求讚許的心理當成一種「需要」，而不僅僅是願望時，即落入了它的陷阱。在這樣的情況下，未能如願以償時，你便會十分沮喪，感到自我挫敗。為此，你會將自己的一部分價值奉獻給「外人」——將自我價值置於別人的控制之下，由他們隨意拔高或貶低。假如這些人提出反對意見，你就會產生惰性（即使是輕微的惰性）。只有當他們決定施捨一定的讚許之辭時，你才會感到高興。

需要得到他人的讚許就夠糟糕的了，然而如果在每件事上都需要得到每一個人的讚許，那就更糟糕了。如果是這樣，你勢必會在生活中遇到大量痛苦和煩惱。此外，你會慢慢建立起一種平庸的自我形象，隨之產生的便是自我否定心理。

毫無疑問，要在生活中有所作為，就必須完全消除「需要」得到讚許的心理，取而代之的是，在重要時刻以平常心勇敢直率面對。「有理不在聲高。」這話不假，許多時候我們必須開口大聲講話，你敢於站出來當著別人的面表達你的意見嗎？面試的時候，看著主考官嚴肅的臉龐，你是否老是垂著頭，迴避主考官犀利的目光，然後低聲地說著自己的經歷？在公司的會議上，當自己只是初出茅廬的新手，感覺會議的氣氛過於緊張壓抑，渾身不自在，恨不得能找一個地洞鑽進去？

不敢大聲說話的人，往往對生活具有強烈的恐懼感。導致他們恐懼的

最主要原因是，他們骨子裡害怕失敗，他們希望生活中經常隱居在一個環境優美又無大風大浪的安全港裡。他們害怕所有的失敗，並想通過迴避失敗來逃離失敗的後果。他們不敢站出來當著大家的面表達自己的意見，因為他們害怕得不到眾人的認同。他們害怕對大量的觀眾講話，因為他們害怕自己不成功，而給自己的臉上抹黑。他們害怕面試時被主考官的問題刺中要害，一命嗚呼。他們總之是前怕狼，後怕虎，他們認為生活中無時無刻都存在著致命的危險。

一般認為，能力強的人，總是讓人聯想到自信果斷，他們在會議上神態自若，言辭滔滔不絕；而能力差的人，大多是那些一發言就唯唯諾諾、沉默不語的人。在重要時刻沉默是非常危險的，當別人討論時，如果你一言不發，他們就會完全忽視你的存在，而你如果說話聲音過小，則更容易引起他們的誤會，以為你是能力不夠，所以才顯得過分拘謹。

日常生活中，你不必處處高聲大嗓，但在公眾場合或在重要時刻，卻一定要注意，勇敢大聲地表達自己的觀點和意見，咬字要清晰，語氣不要激烈激動，聲調的大小要足以讓在場的人完全聽到。就憑這一點，你就會讓人覺著你勇敢自信，有大家風範。

檢視自我，發掘潛能

人的潛能到底有多大？這個問題恐怕是誰也無法回答的，因為按照科學家的說法，人的一生只用去其腦力的百分之一，也就是說，每個人都有百分之九十九的潛能有待挖掘。當你在工作中找到自己的位置，才可能認真對待自己的工作，也才有機會發覺自己意想不到的潛能。因為人都有惰性，如果可以依賴，如果可以不動腦筋，那麼就沒有人會刻意發揮出自己的潛能來。

也許是因為傳統「男權」社會的餘波，這個現象在女性身上特別明顯。女人在社會中總是扮演依附性的角色（當然並不是所有的女性都是依附於男性的），可是一旦失去了依靠，女人往往會爆發出驚人的力量，比如離婚的女人，因為有過失敗的婚姻，對男性的信任度也下降，因此她們更需要靠自己創造生活。而事實上，很多女性已經用自己的行動證明，女人的潛能是無限的，原來她們離開男人會生活得更好！

這就是潛能的力量。但是很可惜，並不是每個人都有機會釋放出自己的潛能。所以我們更應該在日常辦事中就學著逼迫自己，對自己要求得更高一些，去負責那些你認為自己做不來的事，也許你就會發現，很多能力都是要靠自己挖掘才能表現出來的，而越優秀的人就越是懂得如何充分挖掘自己的潛能。

大部分的人都小覷自己的能力，限制自己本身的發展，有小小的成就，馬上就以為自己已經到達巔峰狀態，於是不肯再冒險，也不再向上爬，結果白白浪費了自己的潛能，錯過無數向前推進的機會。

有一個人自小就非常喜歡繪畫，作品時常被老師選出來表揚，因此常夢想自己將來會成為出色的畫家。可是父母認為以繪畫為生是一件很不穩定的工作，於是千方百計勸阻孩子發展其繪畫潛能。

他們告訴孩子：「你完全沒有繪畫天分。」他們對孩子所畫的圖畫不但不欣賞，還諸多批評。漸漸地孩子開始相信自己對繪畫真的沒有天分，他對這個曾一度喜愛的嗜好失去興趣，他放下了畫筆。再過一段時期，他發覺自己根本不懂得作畫。不久，他甚至一提到繪畫便露出憎惡的神色，孩子的父母終於達到了他們的目的。

孩子長大以後，當上了國中的數學老師，雖然他做得還算不錯，但他總是提不起勁來投入工作，不到三十歲，他已經意志消沉得想完全放棄工作，不過基於對父母及自己家庭的責任感，他咬著牙一直做下去。

在一個偶然的機會中，他受邀替一本教科書畫幾張插圖，他一拿起畫筆便再也不能放下。這次，他的妻子企圖勸阻他，可是他對她說：「我的父母已經嘗試過，強迫我放棄心愛的嗜好，我錯誤地聽從了他們，因此浪費了我的潛能。我不能再重複這個錯誤了。」

不久，他辭去了教書的工作，專職畫各式各樣的插圖。有空的時候，他也不停地畫，希望不久之後可以舉行個人畫展。他說：「現在我才覺得真正地在生活。」

任何公司都要經常盤點，通過檢查庫存貨品，弄清市場動向，自己要賣什麼，缺什麼、哪些產品過時了。個人也一樣，需要時常檢查自己，問問自己：我有什麼特別的地方？我有什麼素質是其他人沒有的？我做什麼事情時覺得最舒服？我做什麼事情做得特別好？我有什麼嗜好？我有什麼與生俱來的才能？有什麼事情我做得特別自然？空閒的時候我會去做什麼

事情？這樣就可以找到你的興趣所在。了解及利用潛能的宗旨在於做好那些你真正喜歡做的事情，只有在這些有興趣的領域你才可能發揮出自己的潛能。

自我激勵，肯定自我

認識自我才能找到定位，肯定自我才能發揮潛能，進而從成功的喜悅中欣賞自我、完善自我，也才能品嘗到生活的甜美與幸福，並得到他人的讚賞與尊敬。

創立松下電器（Panasonic）的松下幸之助，在日本被稱為「經營之神」，過去常提及自己創業時的情景。那時候他多少有一些固定的客戶，店員也有四、五個，某個夏天午後，和往常一樣，白天努力做完工作，傍晚就收了工沖涼。當時，松下幸之助突然有個感覺：「今天做得真不錯，自己都感到十分驕傲。」

這就是一種滿足感，這種自我滿足的心境，可說是生活的充足感與生活的真正意義。自己告訴自己：「今天幹得很好。」這種自我褒獎與自我安撫是一件很重要的事情，因為受人褒獎是件榮譽事，可是要達到自己能夠褒獎自己的進步，才能真正從工作中感到生活的充實及滿足。

四十年前，辛苦地工作一天，自己滿足於今天一天的工作，在木盆裡放水沖洗疲憊的身體，然後吃晚飯，那種心滿意足的情景，至今仍清晰地浮現在松下幸之助腦中。對松下幸之助來說，那算是一生中最愉快而愜意的日子。松下幸之助後來受到客戶的愛護，事業蒸蒸日上，可是對他而言，個人的滿足感、喜樂感，仍以當時最為強烈。

松下幸之助曾說過，不論個人或團體，常低估了自己的價值，唯有先肯定自我，才能完全發揮自己的實力，突破任何困境。

這實際上也是一種心態問題。許多著名的成功人士各有其特點，但在擁有良好積極心態這點上卻有著驚人的一致性。

保持信心，勇於嘗試

肯定自我，對自己的工作保有越多的信心越好，因為如果連你都不相信自己能做好工作，怎麼能期望別人相信你呢？

世界上每天都有不少年輕人開始新的工作，他們都「希望」能登上最高階層，享受隨之而來的成功果實。但是他們絕大多數都不具備信心與決心，因此無法達到頂點，也因為他們相信自己達不到，以致於找不到登上巔峰的途徑，也只能一直停留在一般人的水準。

但是還是有少部分人，真的相信他們總有一天會成功。他們抱著「我就要登上頂峰（這並非不可能）」的積極態度來進行各項工作。這批人仔細研究高階管理人員的各種作為，學習那些成功者分析問題和做出決定的方式，並且留意他們如何應對進退，最後憑著堅強的信心達到了目標。

美國的傳奇銷售員吉拉德（Joe Girard），當初欲進入推銷界時，曾因多次遭到拒絕而感到極端沮喪，他的妻子摟住他說：「喬伊，我們結婚時空無一物，不久就擁有了一切。現在我們又一無所有，那時我對你有信心，現在還是一樣，我深信你會再成功。」就在這一剎那，吉拉德了解到一個重要的真理——「建立自己信心的最佳途徑之一，就是從別人那兒接受過來。」

吉拉德重新開始建立信心，拜訪了底特律一家大汽車經銷商，要求一份推銷工作。推銷經理起初很不樂意。

「你曾經推銷過車子嗎？」經理問道。

「沒有。」

「為什麼你覺得你能勝任？」

「我推銷過其他的東西——報紙、鞋油、房屋、食品，但人們真正買的是我，我推銷自己，哈雷先生。」

此時的吉拉德已展現足夠的信心。

經理笑笑說：「現在正是嚴冬，是銷售淡季，假如我雇用了你，我會受到其他推銷員的責難，再說也沒有足夠的暖氣房間給你用。」

「哈雷先生，假如您不雇用我，您將犯下一生中最大的錯誤。我不搶其他推銷員的店面生意，我也不要暖氣房間，我只要一張桌子和一支電話，兩個月內我將打敗您最佳推銷員的紀錄，就這麼定了。」

哈雷先生最終同意了吉拉德的請求，在公司的角落裡，給了他一張滿是灰塵的桌子和一支電話。就這樣，吉拉德開始了他的汽車推銷生涯。不久，他真的成功了，更在一九九七年的金氏世界紀錄上留下「最偉大銷售員」的紀錄。

堅持到底，永不言棄

有信心的人通常還潛藏著另一項特質，就是擁有絕不輕言放棄的毅力，因為他們對自己的所作所為有信心，所以始終相信自己一定能達成目標。

毅力的強弱，足以影響一個人的前途。毅力是應對困難的工具，毅力強，即使你的智力、能力較差，也能克服困難，達到成功之途。《中庸》說：「人一能之，己百之，人十能之，己千之。」又說：「勉強而行之。」無非表示毅力夠堅強，就能達到「雖愚必明，雖柔必強」的境界。毅力堅強就是至誠，能至誠必能息息，「不息則久，久則徵，徵則悠遠，悠遠則博厚，博厚則高明」。徵是毅力堅強的第一結果，博厚是毅力堅強的第二結果，高明是毅力堅強的第三結果。換言之，徵是成功的第一步，博厚是第二步，高明是第三步，總而言之，有毅力總會成功的。成功可分三步，也就是說毅力的強度可分三等。你希望能得到多少成功，就看你有多少毅力。

超馬選手林義傑在二〇〇一年與兩位國際好友以一百一十一天的時間，用雙腳橫越撒哈拉沙漠，用堅強毅力創下了人類的新歷史。林義傑從小愛運動，後來選擇跑步，離家進入擁有很好田徑隊的西湖工商。

不過沒有實績的他，能進入西湖工商完全是他求來的，前前後後總共去了三次西湖工商，直到第三次才被接受，認可了他的態度。

林義傑的堅持來自於運動，也因為堅持而運動，他說：「在運動中，如果你放棄了，你就只能在旁邊看。」正因為如此，一

路上不管訓練有多麼辛苦，他始終不輕易言棄，才能在各個賽事中跨越各種障礙不斷前進，並擁有今天的成績與榮耀。

所以你不必問前途困難有多少，只要秉持著愚公移山的精神，問自己的毅力是否始終不斷就夠了。

另一個最佳的例子就是以電影《少年PI的奇幻漂流》（Life of Pi）再度拿下奧斯卡最佳導演獎的李安。

李安自紐約大學取得電影製作研究所的碩士學位後，電影之路並不順遂，幾乎沒有任何工作機會，期間六年長期失業，在家當一個全職的家庭主夫，由妻子擔負起養家的責任。這期間李安曾一度想要放棄自己的電影夢，但由於妻子的支持與理解，李安最後選擇堅持自己所愛，不斷在家琢磨劇本，尋求機會。

後來一九九〇年，李安交出了《推手》與《喜宴》兩份劇本，獲得當時中央電影公司副總經理徐立功的青睞，也為自己爭得了工作機會。之後電影《推手》在台灣獲得了叫好又叫座的成功，續拍的《喜宴》則獲得柏林電影節金熊獎與金馬獎的肯定，從此開啟了李安的電影大門。

假如李安當年不相信自己，選擇放棄，就不會有今日的李安。假如李安沒有堅持，他就不曉得自己有這麼大的潛能，能夠拍出一部又一部超越自己的電影作品。

經營時間，掌控進度

我們都知道夸父追日的故事，夸父追趕太陽，開始了人類與時間賽跑的歷史。與時間賽跑，意味著要提高自己的速度。愛因斯坦有一天突發奇想：如果人的速度能夠達到光速，那麼，人的生命將無限延長，人將永遠不會老。跟時間比速度，就是要在有限的時間內提高生命的創造速度。成功的人都懂得這個道理，所以，他們能夠實現別人需要幾輩子才能夠達到的目標。

日本有個汽車推銷員，名叫椎名保文。他在豐田汽車公司的一個分公司裡工作，從一九六八年到一九八一年不到十三年時間，就推銷了四千輛汽車。

如果把十三年按月數計算，等於一百五十六個月。他每個月平均推銷二十五點六輛汽車。去除星期天和節日，每個月的實際工作日其實只有二十五天，那麼，椎名是以一天一輛的速度在推銷汽車的，而他的顧客沒有一個是大批購買的客戶，全都是個人消費者，他的銷售速度驚人。

一般汽車推銷員平均每月推銷四到五輛，椎名一個人的銷售量卻是別人的五六倍。一家汽車銷售中心平均有七～八個推銷員，一個月大約平均推銷三十輛汽車，而椎名一個人的推銷量就相當於一個營業所的量。

椎名為什麼能夠推銷那麼多的汽車呢？

勤奮產生效率。椎名跟時間賽跑，向時間要效率，跟時間比賽，延長自己的生命。

美國有一位保險人員自創了「一分鐘守則」，他要求客戶給予他一分鐘的時間，介紹自己的工作服務項目，一分鐘到了，他自動停止自己的話題，謝謝對方給予他一分鐘的時間，由於他嚴守自己的「一分鐘服務」，所以在一天的時間經營中，客戶數幾乎和自己的業績成正比。

信守一分鐘，保住他的尊嚴，不僅不減少自己的興趣，也讓他人珍惜這一分鐘的服務。

另一家公司的老闆為了提高開會品質，所以買了一個鬧鐘，開會時每人只准發言六分鐘，這個措施不但使開會更有效率，也讓員工分外珍惜開會的時間，把握發言時間。

時間是生命的重要元素之一，是需要經營的，就像對待一項事業那樣來經營，如果無法掌握一大段時間，不妨由一小段一小段時間開始經營。

要想真正掌握時間，至少應該做到以下幾點：

一、**事先審慎地制定工作進度表**。相信筆記，不要相信記憶，養成「凡事預則立」的習慣。但不要把你的進度訂得過於緊迫，最好留點時間來應付無可避免的干擾——有些意外的干擾的確可以讓你得到解決問題所需要的資訊。如果你能制定一個高明的工作進度表，你一定能在限期之內擁有充分的時間，完成交付的工作，並且在盡到職責的同時，兼顧效率、經濟與和諧。有期限才有緊迫感，也才能珍惜時間。設定期限，是時間管理的重要標誌。

二、**善用零碎的時間**。有時候大塊大塊的時間不好找，所以做什麼事情總覺得時間不夠，比如上班族想要學習，卻總認為每天上班八小時，還得加班，哪裡還有什麼時間，可是如果把時間分成一段一段來利用，就能利用一些工作、生活間隙的時間來獲得額外的時間。

三、善於一心二用。這當然不是鼓勵你「花心」，而是說在一些情況下，我們完全可以同時做兩件事情。比如上下班途中，坐在公共汽車上，隨身攜帶一本書，或是聽聽廣播、英語MP3，這樣在汽車行駛過程中，也沒有浪費通勤的時間，如此堅持下來，收穫會是很可觀的。

四、始終做最重要的事情。時間管理的精髓即在於：分清輕重緩急，設定優先順序，把時間花在「刀口」上。成功人士都是以分清主次的辦法來統籌時間，把時間用在最有「生產力」的地方，讓每一分鐘的時間都變得最有意義、最有價值。

五、隨時檢視工作進度。法國昆蟲學家法布爾（Jean-Henri Casimir Fabre）曾做過一項「巡遊毛蟲」的有趣研究。他把毛蟲放在一個花盆的邊緣上，使它們頭尾相接，排成一個圓形，像一個長長的遊行隊伍，沒有頭，也沒有尾。法布爾同時在毛蟲隊伍旁邊擺了一些食物，如果這些毛蟲想得到食物就要解散隊伍，不再頭接尾地前進。法布爾原本預料，毛蟲很快就會厭倦這種毫無用處的爬行而轉向食物，可是毛蟲沒有這樣做。出於純粹的本能，毛蟲沿著花盆邊一直以同樣的速度走了七天七夜，直到餓死為止。

這些毛蟲遵守著它們的本能，賣力做事，卻毫無成果。許多不成功者就跟這些毛蟲差不多，他們自以為忙碌就是成就，做事本身就是成功。

不成功者常常混淆了工作本身與工作成果。他們以為大量的工作，尤其是艱苦的工作，就一定會帶來成功。但是，實際上，任何活動本身並不能保證成功，也並不一定是有利的。

因此，確立目標能有助於避免這種情況發生，如果你訂定了工作目標，又定期檢查工作進度，自然會把重點從工作本身轉移到工作成果，僅僅用工作來填滿每一天，在現今是很難被接受的。做出足夠的成果來實現目標，這才是衡量成績高低的正確方法。

有條不紊，提昇效率

要掌控時間就要掌握工作方法，沒有條理、辦事沒有秩序的人，無論做哪一種事業都沒有成效可言。而有條理、有秩序的人，即使才能平庸，他的事業也往往有相當的成就。

這世界有兩種人。有一種性子急的人，不管你在什麼時候遇見他，他都表現得很匆忙。如果要和他談話，他只能拿出數秒鐘的時間，時間長一點，他會伸手把錶看了再看，暗示你他的時間緊迫。他的公司業務雖然做得很大，但是開銷更大。究其原因，主要是他的工作安排得亂七八糟，毫無秩序。而他做起事來，也常為雜亂的東西所阻礙。結果，他的事務做得一團糟，辦公桌也像個垃圾堆。由於經常很忙碌，他從來沒有時間來整理自己的東西，即便有時間，他也不知道怎樣去整理、安放。

另外一種人，與上述恰恰相反。他從來不顯出忙碌的樣子，辦事非常鎮靜，總是顯得從容不迫。別人不論有什麼事和他商談，他總是彬彬有禮。在他的公司裡，所有員工都寂靜無聲地埋頭苦幹，各樣東西都放得有條不紊，各項事務也安排得恰到好處。他每晚都要整理自己的辦公桌，如果有重要的信件一定會立即回覆，並且把信件整理得井井有條。所以，儘管他的公司規模大過前述的類型，但別人從外表上總看不出他有一絲一毫慌亂。他做起事來樣樣辦理得清清楚楚，他那富有條理、講求秩序的作風，影響到他的全公司。於是，他的每一個員工，做起事來也都極有秩序，一派生機盎然的景象。

工作沒有條理，同時又想把餅做大的人，總會感到手下人手不足。他們認為，只要人多，事情就可以辦好。其實，你所缺少的，不是更多的人，而是使工作更有條理、更有效率。由於你辦事不得當、工作沒有計劃、缺乏條理，因而浪費了大量的精力，且吃力不討好，導致最後還是無

所成就。

工作有秩序，處理事務有條有理，在辦公室裡決不會浪費時間，不會擾亂自己的心志，辦事效率也極高。從這個角度來看，你的時間一定會很充足，事業也必能依照預定的計畫去進行。

轉換思路，思考問題

工作中除了掌控時間、掌握工作方法外，訓練自己的思考能力也很重要，因為當你善於轉換思路、思考問題時，通常能獲得更多的機會。

一個猶太人走進紐約一家銀行，來到貸款部大模大樣地坐了下來。

「請問先生有什麼事情嗎？」貸款部經理一邊問一邊打量著他的穿著：豪華西服、高級皮鞋、昂貴的手錶，還有領帶夾。

「我想借些錢。」

「沒問題，請問您要借多少？」

「一美元。」

「只需要一美元？」

「不錯，只借一美元。可以嗎？」

「當然可以，只要有擔保，借再多點也無妨。」

「那麼，這些擔保可以嗎？」

猶太人說著，從豪華的皮包裡取出一堆股票、國債等等，放在經理的辦公桌上。

「總共五十萬美元，夠了吧？」

「當然，當然！不過，您真的只要借一美元嗎？」

「是的。」說著，猶太人接過了一美元。

「年息為百分之六。只要您付出百分之六的利息，一年後歸還，我們就可以把這些股票還給你。」

「謝謝。」

猶太人說完，準備離開銀行。

一直在旁邊冷眼觀看的分行襄理，怎麼也弄不明白，擁有五十萬美元的人，怎麼會來銀行借一美元？他慌慌張張地追上前去，對猶太人說：

「啊，這位先生……」

「有什麼事情嗎？」

「我實在不懂，您擁有五十萬美元，為什麼只借一美元呢？要是您想借三、四十萬美元的話，我們也會很樂意的……」

「請不必為我操心。我來貴行之前，問過了幾家銀行，他們保險箱的租金都很昂貴。所以，我就準備在貴行寄存這些股票。租金實在太便宜了，一年只須花六美分。」

貴重物品的寄存，按常理應放在銀行的保險箱裡，對許多人來說，這是唯一的選擇。但猶太商人沒有囿於常理，而是另闢蹊徑，找到讓證券等

鎖進銀行保險箱的辦法。從可靠、保險的角度來看，除了收費不同，兩者確實是沒有多大的區別。

通常情況下，人們是為借款而抵押，總是希望以盡可能少的抵押來爭取盡可能多的借款。而銀行為了保證貸款的安全或有利，從不肯讓借款額接近抵押物的實際價值，所以，一般只有關於借款額上限的規定，而沒有下限的規定，因為這是借款者自己就會管好的問題。能夠鑽這個漏洞，轉換思路思考問題，這就是猶太商人在思維方式上的「精明」，也是他們辦事時比別人多一條成功的機會。

果決行事，把握良機

一般人之所以會拖欠一些較為重要的事物，多半來自於害怕做不好，而懷疑自己的能力，但是，如果連幾分鐘就可以搞定的小事也是一拖再拖，其動機就不只是這麼單純了，這種狀況通常與注意力的集中有相當大的關聯。

因為，當我們手頭上總是有一些未完成的瑣事時，往往就會不斷地東摸摸、西摸摸，分散掉真正所應該注意、但卻不願去面對事物的注意力。如此一來，大部分的時間，自然就可以有藉口不去處理一些極其簡單的事物，這就是惰性使然所造成結果。

浪費時間有兩種，一種是「主動浪費」，一種是「被動浪費」。所謂主動浪費，是指由於自身的原因而造成的時間浪費。譬如說，你明明知道

睡一覺時間會白白地逝去，可你偏偏要睡一覺。而被動浪費，則是指由於他人的原因或突發事件而造成的時間浪費。比如說在上班時間，你的同事與你閒聊了兩個小時，這兩個小時就是被動浪費了。

人都有惰性，睡在陽光下，暖洋洋地不想起來；坐在樹蔭下聊天，不願工作或沉迷於員工休息室中流連忘返，致使好多應該做的事情沒有做，也使好多本應成功的人平平淡淡，其罪惡之首，就是懶惰。懶惰是一種習慣，是人長期養成的惡習。這種惡習只有一種成果，那就是使人躺在原地而不是奮勇前進。因此，要想具有一定成就就要改掉這種惡習。

不過，在懶惰之外，也有許多人的拖延是來自於拿不定主意的「優柔寡斷」，而心理學家認為，這種心理現象是屬於意志薄弱的表現，主要有幾點原因：

一、對問題的本質缺乏清楚的認識，使人拿不定主意，並產生心理衝突。

只要留心觀察，就不難發現優柔寡斷多發生在年輕人身上，這是因為年輕人涉世未深，對一些事物缺乏必要的知識和經驗的緣故。

二、俗話說：「一朝被蛇咬，十年怕草繩。」一旦遇到類似的情境，便產生投射作用，躊躇不已。

三、一般說來，優柔寡斷者大都具有如下性格特徵：缺乏自信，感情脆弱，易隨波逐流，過分小心謹慎等等。

四、家庭因素。有一種人從小就在備受溺愛的家庭中長大，過著「茶來伸手，飯來張口」的生活，喜歡依賴父母、兄弟姐妹。這種人一旦獨自走上社會，辦事易出現優柔寡斷現象。另一種情況則是家庭從小管教太嚴，因而造就出只能循規蹈矩，不敢越雷池一步的個性。一旦情況發生變化，這種人就擔心不合要求，而拿不定主意。

其實，猶豫之心人皆有之，但並非所有情況都會在同時發生，它甚至根本就不會發生，因為猶豫是來自自己的想像，只要有堅強的意志力便能將之克服。若能了解這些，接下來就只有如何去克服的問題。如果你能再達成下列幾種心理建設，剩下來的問題也將煙消雲散。

每當面臨一個新的機會，在斟酌得失之間，猶豫便會在你的內心裡悄然出現，阻撓你致勝的決心。這雖然是每個人都有的心理變化，但若不趁早加以克服，將會慢慢累積擴大，當它爬滿你的心，進而侵蝕你的骨髓時，就難以救治。

那要如何克服這種辦事拿不定主意、優柔寡斷的毛病呢？

一、培養自信以及獨立自主的性格。

二、心理學認為，人的決策水準與其所具有的知識經驗有很大的關係。一個人的知識經驗越豐富，其決策水準就越高；反之則越低。這也就是俗話所說的「有膽有識，有識有膽」。

三、「凡事豫則立，不豫則廢」。平時常動腦筋，勤學多思是關鍵時刻有主見的前提和基礎。

四、排除外界的干擾和暗示，穩定情緒，由此及彼、由表及裡仔細分析，亦有助於培養果斷的意志。

消除猶豫的方法，除了正面迎擊，別無他法。因為猶豫一旦被姑息，便會常留在你的身邊，把機會從你身旁逼走。因此，為能獲得機會，就必須先消除猶豫。只要完成這個步驟，就會有許多的工作機會迎面而來，多到使你不得不從中選擇，使你沒有時間去考慮害怕的問題。

請牢記，對自己絕不可放縱，應正視自己的問題，並從正面去解決。譬如你害怕在大庭廣眾前發表意見，就應在大庭廣眾前與人交談；如果你為了加薪問題想找上司談判，但因心生膽怯，事情一拖再拖，一直無法獲得解決，建議你不妨一鼓作氣走到上司面前，開門見山地要求加薪，相信結果一定比你想像的還好。

如果你現在尚有未完成而需要完成的事，不要期望明天，切勿遲疑，趕快開始行動，腳踏實地的去完成吧！

抒發情緒，自我調適

人生不會總是一帆風順，工作上也難免遇到挫折，在受挫時的逆境中，時變時憂，真正能體會箇中感傷的只有自己，也只有自己能幫助自己，抒發消沉的情緒走向新的開始。

埋怨和指責是生活中最不和諧的噪音，哪怕你的矛頭只是指向自己，哪怕你的遭遇至為淒慘，但一味的抱怨只會讓人對你敬而遠之。

人們在遭遇挫折與不當待遇之時，難免會發出不平之聲，並且希望引起別人的注意與同情。不過，當一個人不斷地把抱怨和指責的矛頭對準別人時，反而很容易讓人滋生反感，產生負面效果。據管理專家觀察，愛發牢騷、喜歡怨天尤人的人，習慣怪罪別人，認為別人應該為自己的問題負責，然而，他們忘了，光是發牢騷並不能改變事實，不停地抱怨與批評，受傷最大的還是自己。

不管多麼優秀、多麼良好的環境或組織，都會有不盡如意的事，如何處理完全看個人的心態。有些人會儘量往好處想，日子照樣過得安穩太平。但有些人就是喜歡往牛角尖裡鑽，存心自找麻煩。心理學家皮瑞拉（A. P. Pereira）說過：「有很多困境，其實都是自己造成的。」怨天尤人一族往往忙於對別人的批評，對環境、運氣的抱怨，以至沒有多餘的時間精力來改正自己。而如果光是批評，不圖改進，就足以證明這種人是專找別人過失來掩飾自己缺點的人。同時，怨天尤人的人，通常都是嘴上發飆，真要他們拿出解決辦法，卻總是一籌莫展。

對於每個人來說，隨時遭遇各式各樣的危機，本身就是一件非常平常的事情。家人生病、親友死亡、婚姻不和睦等，這些大大小小的問題都會使我們壓力倍增，心力憔悴，進而影響我們的工作情緒。所以人在遭受挫折時，會變得非常脆弱，但問題不論多嚴重，都不應讓別人同你承擔這份

傷感。

大多數人在情緒低潮的時候，總希望別人給予關懷，對自己伸出援手。所以你在這種情況下，一不留神就會失去自控，家庭問題的苦悶和事業的壓力都讓你急需有個人傾聽，幫你發洩心中的鬱悶和不滿意。但不是每個人都是我們可以信賴的朋友，而且每個人都有自己感興趣的事情，你對他們傾訴一些你自己覺得感人淚下的事情，其實並不會博得他們的同情，有些甚至會覺得你小題大作，沒能力處理好一些簡單事件等。

再說，每個人都會有不少煩惱。大家可能都在「水深火熱」中掙扎，何必總拿自己的不開心強加到人家頭上呢？除非需要幫助，否則即使是最好的朋友，也不要總拉著人家陪你一道悲傷，還是學習自我調適為好。

忙裡偷閒，適度放鬆

過度謹慎或避免做錯的憂慮，是一種過度的否定意識。

舉例來說，有些病人不想做任何事情時，他可以將手舉得穩穩的，但是要他將鑰匙插入鎖孔裡時，手將會開始歪歪扭扭。他能穩穩地拿住一枝鋼筆，但要他簽名時，手就抖了起來，無法控制。

正常人要達成目標時，如果過度用心，或「過分謹慎」地想避免犯錯，往往會發生像上述一樣的情況。病理學上的某些狀況，例如頭腦某處受傷，可以明顯地看出這種「目的顫抖」。

這些人可以很有效地加以復健，方法是訓練他們放鬆自己，放鬆他們過度的努力與過度的「想達到目的」，使他們不要過於謹慎地避免「失敗」本身。

以口吃的情況來說，口吃的人心裡老是想可能犯的錯，而又過度謹慎地想避免說錯，結果總是抑制說話與阻礙行動，過度謹慎與憂慮是同一事的兩面，兩者都過度關心可能的失敗或「做錯事」，都與竭力要做對事情有關聯。

有些意識的信號，可以告訴你是否因為過分壓抑或壓抑過少而離開正路，如果你經常因過分自信而惹上麻煩，習慣性地「闖進別人不敢踏入之處」，就會因為衝動而常常陷入困境。要是你總是「先斬後奏」而使目標發生反效果，要是你永不認錯，那麼你很可能缺少壓抑，必須三思而後行，停下來仔細考慮你的言行。

最好在心裡明確地記住一個事實：我們受擾的情緒——忿怒、敵意、恐懼、憂慮、不安等，它們的產生是來自我們本身的反應，而非外在的東西。反應就是指緊張，缺乏反應就是指輕鬆。科學實驗一再證明，你的肌肉只要保持於完全放鬆的狀態下，你根本不可能覺得忿怒、恐懼、焦慮、不安。這些反應本質上是我們自己的情緒。肌肉緊張是一種「行動的準備」或是「反應的準備」，肌肉放鬆帶來「心理輕鬆」與平靜的「輕鬆態度」。因此，輕鬆是自然的鎮定劑，它在你與干擾的刺激物之間豎起一塊心理的「帳幕」或撐一把「雨傘」。

基於同樣的理由，肉體的放鬆的確是一種有力的「壓抑去除劑」，因為壓抑是起於過度意識，或對否定意識的過度反應。

現代生活的最大特點就是速度，因為現代人的時間觀念變了，生活節奏大大加快。於是人們的心理節奏日趨緊張，精神負荷日益加重，很容易發生心理的過度反應。除了引起失眠、易怒、煩躁、疲乏等情緒變化外，還可能導致高血壓、心臟病、心肌梗塞、糖尿病、潰瘍等嚴重後果。

在不可避免的快節奏生活中，如何擺脫和控制緊張情緒，對每一個現代人來說，都是十分重要的。因此保有樂觀的情緒、開闊的心胸，更重要的是通過主觀努力，加強控制和調整自己的生活規律，改變不良生活習慣，在快中求慢、緊張中求鬆弛，避免人為造成的緊張。

要合理安排每天的工作、學習和生活，實事求是地制定出每日、每週，甚至每月的工作計畫與目標。掌握時間的主控權，儘量避免由於時間安排與實際活動的衝突而造成的手忙腳亂。俗話說：一步慢，步步慢，事情也會越積越多，造成心理壓力而惶惶不可終日。

所以每天工作生活的時間安排上要計算提前量，養成遇事提前做的好習慣。例如，你清晨起床、梳洗、用早餐，然後趕車準備八點上班，恰好要用去一個半小時時間。若六時半起床時間剛好夠用，那麼，你不妨六點起床，這樣留有半個小時的餘裕，可使做事從容，也能在上班途中遇到如堵車等意外時能不急不躁，減少心理壓力。其他如訪友、看球賽、看電影也應當如此。

在你家庭中瑣事最為煩心，尤其是雙薪家庭中常為此鬧矛盾。因此應採用科學的安排方式，學會立體的時間安排觀念，也就是用「運籌學」的方法。例如早晨起床後，可先熬上稀飯或牛奶，然後打開收音機，邊聽廣播邊刷牙洗臉，中午或晚上做飯的同時可安排洗衣服或打掃室內環境。晚上看電視也可預先根據節目安排，喜歡則看，不喜歡則不看，不能一坐下就不起來，可抽時間做些小手工或編織。

另外，應在平時的休息時間統籌安排並做些家務，這樣到星期日或節假日就會名副其實地從容享受休息的樂趣。

無論工作學習多麼繁忙，都應忙裡偷閒，每天留出一定休息和「喘氣」的時間，散散步，聽聽音樂或進行一些力所能及的體育活動。

毋須諱言，現代生活不只是快節奏，同時也充滿了激烈的競爭。但個人能力總是因人而異且是有限度的，因此每個人都應實事求是地衡量和評估自己。絕不要拼命蠻幹。最後落得事業未成，身體拖垮，得不償失。生活上則要知足常樂，量入為出，不盲目攀比、追求虛榮。

常言說：「人比人，氣死人。」堅持合適標準，在合理收入的範圍內

安排好自己的生活，這樣你就會常常感到心安理得，從容自在。

人的一生不可能不遭遇困難，也不可能沒有挫折，所以貴在遇到困難的不氣餒和對挫折的不自卑。要有勇氣和自信心，相信自己的力量，這樣有利於理清思路，從而從挫折中總結經驗，戰勝逆境，解脫難題。

Chapter 2
大貓的教戰守則

當社會新鮮人在職場的生存遊戲中存活下來，表示他已正式踏入戰場，從「菜鳥」邁向「老鳥」，準備面對接連不斷的挑戰，此時需要的是基礎的戰鬥能力。

小有成績，不可懈怠

當小貓憑一己之力在街頭巷尾存活下來，牠勢必早已懂得基本的生存之道，同時也掌握了生存環境的某些規則與特殊性，這是牠的成長茁壯，表示牠正慢慢成為不太肥也不太小的成年大貓，於是牠開始畫定屬於自己的地盤，面臨激烈的地盤爭鬥，一旦稍有懈怠，就可能遭到驅逐的命運。

如同成年大貓，我們在工作、學習與生活上取得了一席之地時，千萬不可就此鬆懈。因為社會的環境不斷在變化，人們的心態也不斷在跟著轉變，如果就此習以為常，不再因為陌生、新鮮而戰戰兢兢，總有一天，既有的成績也會隨著時間而褪色，變得毫不值錢。

當初以公司最高學歷進入貿易公司的小梅，一開始受到上司的器重，幾乎參與了公司裡的各個重大工作，雷厲風行的作風也使她以能幹出名。可惜的是，小梅很快就懈怠了起來，開始覺得工作沒有挑戰性，在缺乏工作熱情下，她做事變得拖拖拉拉，這種作風導致工作上經常出現一些小差錯。後來引起上司的不滿，不再把重大的工作交給她。小梅感到很失落，明明是自己看不上眼的工作，現在卻被動的交給別人，總有自己受委屈的感覺。於是小梅改變了態度，重新審視自己的工作，發現自己在經過一段時間的鍛鍊後，就變得停滯不前，才導致目前的狀況。因此，她決心從零做起，重新開始，不再滿足於眼前的小小成就，所以很快地，她又憑著進取心獲得了上司的重用。

這類例子在我們身邊可說層出不窮。比如小集團的活動和提案等等，一開始，每個人都充滿了幹勁，不斷提出新構想，工作環境充滿了活躍的

氣氛，但當這火花消逝時，整個團體又會產生惰性。

當我們了解這一點後，就應該經常自省：「這樣做就可以了嗎？」經常保持著如何突破自我的心態，而且還必須有一股吸取新知識、拋棄陳舊東西的活力。但是最重要的是，必須不斷產生新的觀念，如果稍微鬆懈，或認為「這樣子就可以了」，就會使一切都停滯不前。

任何人對於自己想做的事情，在達成之前都會花很多的時間去做各種努力，但是有很多人往往在取得初步成就後，就抱著「守成」的觀念，再也不肯前進一步了。這種人不但會阻礙自己前進的道路，甚至還會壓抑其他人的成長。因此，眼前的小小成就只可以讓你小小的高興一下，切不可因此忘記了你的初衷與最終的目標為何，甚至忘記了你自己。

為何不能滿足於小小的成就呢？

一、如果不滿足於目前的小小成績，就會不斷充實自己、提升自己。上班的人不忘繼續學習，做生意的不斷搜集資訊，強化企業實力，這些都是在創造機會、等待機會。

二、小小的成就是自己安身立命的資本，但社會變化得太快，長江後浪推前浪，如果你在原地踏步，社會的潮流就會把你拋在後頭，後起之秀也會從後面追趕過去。相比起來，你的「小小成就」在一段時間後根本就不是成就，甚至還有被淘汰的可能。比如在一、二十年前，大學生確實稀有，而現在卻已經到處都是，大學生找不到工作，早已經不是新聞。

三、一個人不滿足於目前的成就，積極向高峰攀登，就能使自己的潛力得到充分的發揮。比如，原本只能挑一百斤重擔的人，因為不斷的練習，進而突破極限，挑起一百二十斤甚至一百五十斤的重擔！因為一個人只要安於現狀，就失去了上進求變的動力，沒有動力，就無法付諸實際的行動。

如果我們想成就某件事，最佳時機一定是當我們目標明確、熱情勃

發、鬥志昂揚的時候。因為每一個人在情緒飽滿時，做什麼事情都變得輕而易舉。相反，如果一次次的拖延，就會削弱我們的意志，反而需要用越來越不情願付出的努力或犧牲來達成目的。

人們不可能指望一個放任自己隨波逐流的人有什麼大作為，因為他們往往是安於現狀的。即使他們知道自己體內還有許多潛力可挖掘，也還是以各式各樣的方式虛耗，面對停滯不前的現狀，他們依然不為所動、安之若泰。也許他們總會稍有收穫或成就，但他們永遠只會被眼前的小小成就蒙蔽了眼睛，看不到人外有人、天外有天。這些小成就成了他們可炫耀的資本，卻不知人生還有更多偉大的目標等著去實現，就這樣甘於平淡的生活，將體內潛藏的那點潛能棄之不用而逐漸荒廢消失。只有那些不滿足於現狀，渴望著點滴進步，時時刻刻希望攀登上更高層次的人生境界，並願意為此挖掘自身潛能的人，才有希望達到成功的巔峰。

很多人的理想都過於平庸，或者說跟他們的能力相比，目標訂定過於低。試想一下，如果每個人都能比較容易達到自己的目標，實現自己的抱負，人們還有前進的動力嗎？你不能指望一個總是回頭看的人能攀登上頂峰，人們的抱負必須略高於自己的能力，才能使你不滿足於眼前的小小成就。

當然不能否認，有的人生來就不需要為自己的理想打拼，從小過著錦衣玉食的生活，享受優渥的物質生活條件。但這畢竟是極少數，幾乎百分之九十九的人都得靠自己的努力來獲取成功。假設我們都出生在豪門，每天都高枕無憂，唯一的目標就是盡情享受生活，盡情嬉戲玩樂，並逃避所有的工作和不愉快的經歷，那麼人類的最終歸宿，恐怕只能退回到茹毛飲血的原始狀態了。

正因為人類有著那麼多的欲望和追求，渴望晉升到更高的職位，渴望生活得更加舒適幸福，渴望接受更加高深的教育，渴望家庭更加溫馨美好，渴望使自己變得更加學識淵博，渴望獲得更多的財富和社會地位，人

們的潛質才得以充分挖掘，能力才得以全面發展，才有可能進化和發展到現在的階段。這是一種不懈的追求，人類代代相傳的動力。

只有那些停止進步的人才會對現有的成就感到滿足，對於那些永遠追求前面目標的人來說，他們總覺得自己身上還存在某些不完美的因素，因而總是渴望著進一步的改善和提高，他們身上洋溢著旺盛的生命力，從不墨守成規，這使得他們總認為任何東西都有改進的餘地。這些人是不會陶醉在已有的成就裡的，他們設法達到更美好、更充實、更理想的境界，正是在這一次次的進步當中，他們完善著自我，也完善著人生。

接受意見，虛心檢討

工作中難免會受到上級的責罵，心中忿忿不平，但冷靜下來，你應該仔細想想，其中是否有其道理，抑或只是情緒上的發洩。如果是前者，或許你應該換個角度來思考問題，因為好的上司可能是以一種特殊的方式在教導你。

日本大企業家福富先生，年輕時擔任服務生，常常受到老闆的訓斥與責罵。但他把每一次的挨訓都當作一次機遇，總是力求從中學會一點東西，知道一些事情。每次遇到老闆，福富決不像老鼠見了貓一樣驚慌地逃走，反倒掌握機會，立即躬身向老闆行禮並打招呼，謙恭地問道：「我難免有不周到的地方，請多指

教！」這時，礙於情面，老闆通常都會以長者的風度，指出他許多需要留神和注意的地方。他在洗耳恭聽以後，馬上按老闆的吩咐辦事，改正自己的缺點。福富先生的主動請益，是鑒於自己年輕，沒有資歷，才疏學淺，和老闆接觸、交談，對他而言，正是一個表現自己、掌握對方底細的難得時機，而他也抓住了這一時機，把它運用得恰到好處。所以老闆對福富的印象就要比其他員工鮮明和深刻，兩人熟悉後，老闆每次見到他都直呼其名，顯出了對其他員工所沒有的親切。

兩年以後，老闆有一天對福富說：「通過長期的觀察，我看你工作勤勉，勤奮好學，又懂得聽取別人的意見，從明天起，你就是我的部門經理了。」就這樣，一個年僅十九歲的毛頭小夥子，一步登天成了經理，待遇也好過了從前。對於老闆的教誨，福富至今還念念不忘，感謝之情溢於言表，在一定程度上，正是老闆指引他走上成功之路。

當老闆視察工作時，既是檢查自己的時刻，也是借機請教的有利時機，一則表現自己的好學，二來也是一種實實在在的自我推銷。能經得起訓斥，並不是一件簡單的事，起碼要有一定的涵養。除了在態度上要極為謙誠之外，在被指責或者訓誨時，也要專心傾聽，聽完後若沒有心悅誠服，那也是毫無助益的。換句話說，當你靜下心來，靜靜地接受批評和訓誡，傾聽教誨，並保持彬彬有禮的樣子，顯示出親近和尊敬，無疑會給老闆一個良好的印象，這對與上司保持密切關係，有百利而無一害。

正所謂「愛之深，責之切」，上司的批評有時候是一個看得起你的信號。倘若上司對你的工作失誤，或自身的缺點視若無睹，反而顯出上司對你的漠不關心與不夠重視。因此無論是公開場合，還是單獨交談，當上司期望式地指出你的不足和缺點，正因為他認為你是一個可造之材，所以才

會對你施以關注。面對這種期望式的批評，年輕人常常產生錯誤的想法，認為上司偏心，只看到你的缺點，看不到你的優點，從而耿耿於懷，這樣不僅辜負了上司的一片用心，也不利於自己的成長。實際上，一個優秀的上司，往往非常清楚你的優點和成功之處，但為了使你表現更加出色，或避免驕傲的情緒產生，才會這樣鞭策你。因此，面對這樣的批評，你應該及時向上司請教，彙報自己的學習和工作體會，與上司多加探討，求上司指點迷津，取得上司的信任和厚愛。

古有云：「天將降大任於斯人也，必先苦其心志，勞其筋骨，餓其體膚」，多受訓戒，方能在責罵聲中成長，於是才有一個輝煌和錦繡的前程。上司訓斥你、開導你，是對你充滿著期待，最沒有出息的人，往往是被上司忽視和愛理不理的人。

面對失敗，學習成長

老鳥與菜鳥的差別在於「經驗值」，但假如老鳥不能從過去的經驗中學習成長，便與菜鳥沒有什麼不同。

「我在這已做了三十年，」一位老員工抱怨他沒有升遷，「我比你提拔的許多人多了二十年的經驗。」

「不對！」老闆說：「你只有一年的經驗。你從自己的錯誤中，沒學到任何教訓，至今你仍然在犯你第一年時的錯誤。」

職場上，一點點錯誤很可能就會是致命的，但錯誤所造成的嚴重結果，往往不在錯誤本身，而在於犯錯人的態度。失敗者一再的失敗，卻不

能從中獲得任何經驗，但聰明的人則會從失敗中學到教訓，建立更強的自信心，因為即使是一些小小的錯誤，他也都能從中學到些什麼。

「我們浪費太多的時間了……」一位年輕的助手對愛迪生說：「我們已經試了兩萬次，仍然沒找到可以做白熾燈絲的物質！」

「不！」這位發明家回答說，「我們已經知道有兩萬種不能當白熾燈絲的東西。」

這種精神最終使愛迪生找到了鎢絲，發明了電燈，改變了人類的歷史與文明。

沒有人喜歡失敗，因為失敗大多是一些痛苦的經驗，甚至讓你的人生受到重創。不過，一生順利未曾嘗過失敗滋味的人，恐怕是少之又少，每個人或多或少都經歷過，只是程度輕重的差別而已。若是換一個角度來看，失敗其實是一種必要的過程，而且也是必要的投資。數學家習慣稱失敗為「或然率」，科學家則稱之為「實驗」，如果沒有前面一次又一次的失敗，哪裡有後面所謂的「成功」。所謂「一失足成千古恨，再回首已百年身」，有些錯誤確實會造成嚴重的影響，然而，「失敗為成功之母」，沒有失敗，沒有挫折，就無法成就偉大的事。

要把事情辦好，就不要怕失敗。

當你不小心犯了某種重大錯誤，最好的辦法是坦率地承認和檢討，因為前車之鑒，後車之覆，在最短的時間內彌補過失，只要處理得當，不但損失可以減到最低，更能得到他人的尊敬，甚至還可能立於不敗之地。因為從錯誤中學到的東西，遠比在成功中學到的多得多。

美國3M公司非常鼓勵員工冒險，只要有任何新的創意都可以嘗試。雖然有很多點子經過試驗之後幾乎都沒有結果，失敗的發

生率是預料中的百分之六十，但3M公司卻視此為讓員工不斷嘗試與學習的最佳機會。3M堅持的理由很簡單，失敗可以幫助人再思考、再判斷與重新修正計畫，而且經驗顯示，通常重新修改過的意見會比原來的更好。

事實上，失敗並不可恥，不失敗才是反常，重要的是面對失敗的態度，是能反敗為勝？還是就此一蹶不振？傑出的企業領導者，絕不會因為失敗而懷憂喪志，而是回過頭來分析、改正，並從中發掘重生的契機。

積極樂觀，微笑面對

沒有人不希望事業成功、身心健康，可是人生總有不如意的事。有些人為了一些小事就垂頭喪氣，殊不知這些消極頹廢的情緒正是影響成就大事的障礙。有時候當我們堅定的跨越暫時失意與障礙，回過頭來就會覺得只是「小事一樁」，不值得大傷腦筋，那麼當初我們又何必培養這些垂頭喪氣的壞毛病呢。

卡耐基（Dale Carnegie）的事業剛起步時，在密蘇里州舉辦了一個成年人教育班，並且陸續在各大城市開設了分部。他花了很多錢在廣告宣傳上，房租與日常辦公等開銷也很大，儘管收入不少，但在過了一段時間後，他發現自己連一分錢都沒有賺到。由

於財務管理上的欠缺，他的收入竟然只夠支出，一連數月的辛苦勞動竟然沒有什麼回報。

卡耐基感到很苦惱，不斷地抱怨自己的疏忽大意。這種狀態持續了很長一段時間，他整日悶悶不樂，神情恍忽，覺得無法將剛開始的事業繼續下去。

最後卡耐基去找中學時的老師喬治．詹森。

「不要為打翻的牛奶哭泣。」

聰明人一點就透，老師這一句話如同晴天一聲雷，卡耐基的苦惱頓時消失，精神也振作起來。

是的，牛奶被打翻了，漏光了，怎麼辦？是看著被打翻的牛奶哭泣，還是去做點別的。記住，被打翻的牛奶已成事實，不可能被重新裝回瓶中，我們惟一能做的，就是找出教訓，然後忘掉這些不愉快。

這段話，卡耐基經常說給學生聽，也說給自己聽。

當不如意的事出現時，注意自己腦袋裡冒出的第一個想法是什麼，用紙筆將它不加修飾地如實記錄下來。然後，回過頭來檢查自己冒出的第一個想法是對還是錯，要是這個想法扯你後腿，必須立即剔除，堅持嘗試積極的行動，儘管嘗試本身意味著風險，會出現新的差錯，但嘗試卻給了你自己一次機會。

對每一項消極反應，進行一個相反的積極行動。比如某一項工作出錯了，消極反應是「我真笨」，積極反應是「我學得不夠扎實」，積極行動是馬上查資料學習，抓住一切機會參加業餘培訓，並付之實踐。

消除垂頭喪氣的情緒需要我們做好各種準備，具體來說，以下幾點是必須注意的：

一、用補償心理超越自卑。

補償心理是個體在適應社會過程中的一種心理適應機制，心理學家認為這是為了克服自己生理上的缺陷或心理上的自卑，而發展自己其他方面的長處、優勢，藉此趕上他人的一種心理適應機制。因此這種機制與自卑感的交互作用，便成為許多成功人士邁向成功的動力，成為他們超越自我的「渦輪增壓器」。而「生理缺陷」越大的人，自卑感也越強，尋求補償的願望就越大，成就大業的本錢就越多。

由於自卑，人們為了維護自己的尊嚴和人格，就會要求自己克服自卑，因而清楚甚至過分地意識到自己的不足，促使其努力學習別人的長處，彌補自己的不足，戰勝自我，從而使其性格受到砥礪，而堅強的性格正是獲取成功的心理基礎，所以令人難堪的種種情境往往可以成為發展自己的跳板。一個人的真正價值，取決於能否從自我設限中超越出來，而真正能夠解救我們的，只有我們自己，即所謂「天助自助者」。

心理補償是一種使人轉敗為勝的機制，如果運用得當，將有助於人生境界的拓展。但應注意不可好高鶩遠，追求不可能實現的補償目標，或受賭氣情緒的驅使。只有積極的心理補償，才能激勵自己達到更高的人生目標。

二、用樂觀態度面對失敗。

掃除沮喪的情緒，需要正確面對失敗。人生之路，一帆風順者少，曲折坎坷者多，成功是由無數次失敗構成的，正如美國通用電氣公司（GE）創始人沃特所說：「通向成功的路即：把你失敗的次數增加一倍。」但失敗對人畢竟是一種「負面刺激」，總會使人產生不愉快、沮喪、自卑。那麼，如何面對、如何自我解脫就成為能否擺脫沮喪情緒的關鍵。

面對挫折和失敗，惟有樂觀積極的心態，才是正確的選擇。其一，做到堅忍不拔，不因挫折而放棄追求；其二，注意調整、降低原

先脫離實際的「目標」，及時改變策略；其三，用「局部成功」來激勵自己；其四，採用自我心理調適法，提高心理承受能力。

作為一個現代人，應具有迎接失敗的心理準備。世界充滿了成功的機會，也充滿了失敗的可能。所以要不斷提高自我應付挫折與干擾的能力，調整自己，增強社會適應力，堅信失敗乃成功之母。屈原遭放逐乃賦《離騷》，司馬遷受宮刑而成《史記》，就是因為他們無論什麼時候都不氣餒、不自卑，都有堅韌不拔的意志！有了這一點，就會掙脫困境的束縛，走向人生的輝煌。若每次失敗之後都能有所「領悟」，把每一次失敗當作成功的前奏，那麼就能化消極為積極，轉沮喪為自信。

三、用實際行動打破沮喪情緒。

征服畏懼，戰勝自卑，不能誇誇其談止於幻想，必須付諸實踐，見於行動。消除沮喪情緒最有效的方法，就是去做自己該做的事，直到獲得成功。具體方法如下：

- **突出自己，挑前面的位子坐**。敢為人先，敢上人前，敢於將自己置於眾目睽睽之下，就必須有足夠的勇氣和膽量。當這種行為成了習慣，人生的態度就變得自信起來。另外，坐在顯眼的位置，就會放大自己在領導者及老師視野中的比例，增強反覆出現的頻率，產生強化自己的作用。雖然坐前面會比較顯眼，但請牢牢記住，有關成功的一切都是顯眼的。

- **睜大眼睛，正視別人**。眼睛是心靈之窗，一個人的眼神可以折射出性格，透露出情感，傳遞出微妙的資訊。不敢正視別人，意味著膽怯、自卑、恐懼；躲避別人的眼神，則折射出陰暗、不坦蕩心態。

- **昂首挺胸，快步行走**。許多心理學家認為，人們行走的姿勢、步伐與其心理狀態有一定關係。懶散的姿勢、緩慢的步伐是情緒低落的表現，是對自己、對工作以及對別人不愉快感受的反映。倘若仔細觀察

就會發現，身體的動作是心靈活動的結果。那些遭受打擊、被排斥的人，走路都拖拖拉拉，缺乏自信。反過來，通過改變行走的姿勢與速度，有助於心境的調整。

● **當眾發言**。不論參加什麼性質的會議，每次都要主動發言。發言是有參與意識的表現，這比一個人默默承受痛苦和苦悶要有意義得多。並且，有許多原本木訥或有口吃的人，都是通過練習當眾講話而變得自信起來，如蕭伯納、田中角榮等。因此，當眾發言是信心的「維他命」。

● **學會微笑**。大部分人都知道「笑」表示一個人心情愉快，它是醫治信心不足的良藥。但是仍有許多人不相信這一套，因為在他們恐懼時，從不試著笑一下。真正的笑不但能治癒自己的不良情緒，還能馬上化解別人的敵對情緒。如果你真誠地向一個人展顏微笑，他就會對你產生好感，這種好感足以使你充滿自信。

能屈能伸，忍辱負重

職場上有許多的不如意，也有許多需要忍讓的地方，所以需要學會忍耐的本領，尤其當你處於劣勢時，更是小不忍則亂大謀，若能忍人之所不能忍，方能為人之所不能為。

漢初名將韓信年輕時家境貧窮，他既不會逢迎拍馬、做官從政，也不會投機取巧、買賣經商。整天只顧研讀兵書，最後連一天兩頓飯都沒有著落，他只好背著家傳寶劍，沿街討飯。

在市場上，有三個當地無賴，他們看不起韓信這幅寒酸迂腐的書生相，所以故意當眾奚落他說：「你雖然長得人高馬大，又好佩刀帶劍，但只不過是個膽小鬼罷了。如果你肯服我們三人，

就從我們的褲襠底下鑽過去，此後就不再為難你。不然休怪我們不客氣！」說罷他們雙腿架開，立了個馬步。眾人一哄圍上，且看韓信怎麼辦。

韓信認真打量著這三個無賴，想了一想，竟然彎腰趴下，從無賴的褲襠下面鑽了過去。街上的人頓時哄然大笑，都說韓信是個膽小鬼。

韓信忍氣吞聲，閉門苦讀。幾年後，各地爆發反抗秦朝統治的起義，韓信聞風而起，仗劍從軍，爭奪天下，威名四揚。

韓信忍胯下之辱而成就蓋世功業，成為千古佳話。假如，他當初爭一時之氣，一劍刺死羞辱他的無賴們，按律法處置，則無異於以蓋世將才之名抵償無知狂徒之身。假如他當初徒一時之快，與羞辱他的無賴鬥毆硬拼，也無異於棄鴻鵠之志而與燕雀論爭。韓信深明此理，寧願忍辱負重，也不願爭一時之短長而毀棄自己長遠的前程。

許多時候，我們權勢不如人，機會不如人，我們就不得不低著頭，做些不得不做的事。有志者會藉此取得休養生息的時間，以圖東山再起。這樣才不枉當初低頭之痛。同樣，當我們在職場上有求於職位或身份地位比自己高的人時，就得肯於屈尊，不怕受辱，才能鍥而不捨，以柔克剛，取得求人、辦事的成功。

有個朋友為辦一個手續，連跑了幾個地方，不知為什麼，總是解決不了問題。有人說要送禮，他不懂送禮也不願送禮，只有忿忿然罵上兩句，自己苦惱不堪。

一位朋友了解此事後，指點他去找某主任。到辦公室卻撲了個空，追到家也沒人，還被勢利的保姆「賞」了幾句，他頓時火起，卻又「好男不跟女鬥」，只得裹著滿腹懊惱回到家，發誓再

也不去找人、求人了。

那位朋友知曉後，哈哈大笑，說：「你呀，就這麼不濟事！在外邊辦事情哪有這麼容易的！我找人辦事是一求二求三求，不行再四求五求六求。事實不可謂不詳盡，道理不可謂不充分。現在，我不但臉皮厚了，連頭皮都變硬了！」

一席話點醒了這位朋友。第二天，他又「厚」著臉皮去找某主任。結果是出人意料的順利，主任只照例問了一些問題便為他辦了手續，菸都未抽一支。

由此可知，需要協助時，如果臉皮薄、放不下「清高」的架子，自然也就很難調適，也難以辦成事。有時候面對吃虧，你可以有不一樣的想法與作為。俗話說：「吃虧就是占便宜」，自己先用誠心誠意來換取對方的信任，看起來自己辛苦點，吃點虧，但只要客人相信了你，還怕以後得不到便宜嗎？

有時好事總是多磨，需要等待而不能急於求成，所以「忍」是辦事的一種方法，忍之有道便是等待時機的成熟。這種忍，不是性格軟弱，忍氣吞聲、含淚度日之舉，而是一種高明的謀略，是辦事的上上之策。

以誠相交，維持人際

同事之間，關係微妙，個性相差大，唯有以誠相交才有可能在關鍵時幫得上你。

需要同事互助時，要把握恰當時機，對方時間寬裕，心情舒暢時，得到答應的可能性就會很大，反之，對方心境不佳時，你的請求可能只會令他心煩，而對方正忙於某項事情時，你提出的請求一般都很難得到確定的答覆。因此要適應對方心理的需求而提出誠懇的請求，利用情義打動同事，這是你取得成功的重要的辦法。

某部門接到上級分配的專案任務，單位幾十名同事都主動出來承擔一些任務，唯有幾位「老鳥」，刻意擺爛，搞得主任很為難。

後來主任只好把這幾位老鳥叫到辦公室，平和地說：「我只講一遍，我現在很為難，請你們幫個忙。」奇怪，先前態度欠佳的「老鳥」，聽了這句語重心長的話後，紛紛主動表示：「主任，我們不會讓你為難！」說完立即回去認領自己的工作分配。

一句充滿人情味的請求，比通盤大道理更具有說服力，因為人還是比較重情義的。主任用請求的話打動了他們，讓這幾些「資深員工」覺得：主任看得起我們，我們怎麼能不給面子呢？

請託同事也是一樣，求同事辦事時態度一定要誠懇，要動之以情，曉之以義。需將事情的前因後果、利害關係說個清清楚楚，說明自己為何不做或做不了，為何需要他們的幫忙。一個人的態度越誠懇，就越不容易遭到拒絕。另外，不要託同事辦一些目的不明確、比較籠統的事，而是一些

難度不大、目標明確、效果顯著的事，如此一來也有利於你向他致謝。

日本大企業家小池曾說過：「做人就像做生意一樣，第一要訣就是誠實。誠實就像樹木的根，如果沒有根，樹木就別想有生命了。」

這段話也可以說概括了小池成功的經驗。

小池出身貧寒，二十歲時就替一家機器公司當推銷員。有一個時期，他的推銷業務非常順利，半個月內就跟三十三位顧客做成了生意。不過，後來他發現他家賣的機器比別家公司生產的同樣性能機器昂貴。於是他想，如果客戶知道了，一定會質疑他的信用。於是深感不安的小池立即帶著契約書和訂金，花了三天逐戶去找客戶。然後老老實實向客戶說明，他所賣的機器比別家的機器昂貴，為此請他們作廢契約。

這種誠實的作法使每個訂戶都深受感動，結果，三十三人中沒有一個與小池解約，反而加深了對小池的信賴和敬佩。

「誠實」具有驚人的魔力，就像磁鐵一樣具有強大的吸引力。後來人們就像小鐵片被磁鐵吸引似的，紛紛前來向他訂購機器，沒過多久，小池就成為「鈔票滿天飛」的人了。

日本專門研究社會關係的谷子博士說過一個例子。

有一個富翁為了測驗別人對他是否真誠，於是就偽裝重病入院。

結果，那富翁說：「很多人來看我，但我看出其中許多人都是希望分配我的遺產而來的。特別是我的親人。」

谷子博士問他：「你的朋友也來看你嗎？」

「經常和我有來往的朋友都來了，但我知道他們不過是當作一種例行的應酬罷。」

「還有幾個平時和我不睦的人也來了，但我知道他們只是樂於聽到我病重，所以幸災樂禍地來看我。」

照他的說法，他測驗的結果或許是：根本沒有一個人在「真誠」方面及格。

谷子博士就告訴他：「我們為什麼苦於測驗別人對自己真誠？測驗一下自己對別人是否真誠，豈不更可靠？」

大多數人選擇朋友都是以對方是否出於真情而決定的，但與其試探別人的忠誠，不如問問自己的忠誠如何。因為我們都有一種莫名其妙的思想，總希望別人為自己赴湯蹈火，而自己對別人則樣樣三思而後行，非常要不得。

請求同事幫助時，無論所為何事，都應當帶著深情厚義的誠懇態度，以「請」字當頭，並注意語氣，雖然無須低聲下氣，但也絕不能居高臨下，態度傲慢，非得別人答應不可。當有客觀理由，你的同事無法答應請求時，你不要抱怨、憤怒甚至是惡語相同，你還得還禮道謝，這樣你的同事在有條件的情況下肯定會鼎力相助。如果你不能體諒對方，甚至對同事加以抱怨，這等於堵死了再次向同事提出請求的通路。

把握機會，自我表現

每個人都有自己的特長，但若沒有展現的舞台，也難以表現，更無法獲得獲得他人的重視，因此，當機會來臨時，準備充足的人就能夠一把抓下。

王先生是某公司的行政人員，書讀得比人多，學識涵養也比公司高階幹部高，理當使他們敬佩，然而事實卻不然。因為一般商場重視如何賺錢，對學問從來不加以重視，所以王先生的學問，不但得不到他們的敬佩，反而還被罵是書呆子與百無一用的書生。

有一次，公司為一個高階主管舉辦慶功宴，全體職員一千多人，聚集一堂，總經理臨時請王先生擔任司儀，這時距離慶功宴開始的時間不到五分鐘，而王先生對於這位高階主管的生平一無所知，加上他拿到的資料還不到二百個字。事到臨頭，不得不上前一試，於是他抓住了《史記．貨殖列傳》上「無財作力，稍有鬥智，即饒爭時」三句話，把此巨頭的一生事蹟連貫起來，這一篇事蹟報告成為夾敘夾議的介紹。王先生仗口才連講了將近一個鐘頭，全堂聽眾鴉雀無聲，氣氛相當緊湊。講畢下臺，掌聲雷動，引起了眾人的敬佩。自此，其他高階幹部皆對他另眼相看。

這說明了每個人的特長如果沒有正巧受人喜歡、羨慕，就不會受到重視，也不會發生效用。不受重視的原因，或許因為對方是個外行，也或許由於對方比你還高明的緣故。比方你的特長是書畫，對方卻不懂得書畫，那麼你的書畫，無論如何高明，也不會引起對方對你的敬佩。或者對方的

書畫造詣比你要高明得多，你與對方相比，他至多當你是同道，卻不會對你有敬佩之心的。所以如果沒有這個慶功宴，沒有很短促的五分鐘時間限制，也無法顯出王先生的特長。

一個人的特長，最好始終保持非職業性的，因為一旦成為職業性，吸引力自然會大減，也無法引起別人對你的敬佩。而且你還要牢牢記住下面這句話：「特長不是你的商品，而是你的交際工具」。

半推半就，求仁得仁

面對自我表現的機會，有些人總是自告奮勇，一副當仁不讓、捨我其誰的姿態。可是精明的人卻總是推來推去，為什麼？因為他夠精明！自己說自己當仁不讓，除了給人「自我膨脹」的不良印象，一旦表現不好，立刻就會淪為笑柄，換來自吹自擂、不知羞愧的標籤。因此在「讓」與「不讓」之間，採取「半推半就」的姿態，本身就是一門藝術：應該讓的時候要讓，不應該讓的時候，必須不讓。

可惜很多人始終聽不明白、搞不清楚這種讓與不讓的道理，

第一，我們只說「不讓」，很不願意說「爭」，希望大家不要爭。因為中國人不爭則已，一爭總是不擇手段，非爭到你死我活，絕不罷手。能夠不爭，大家都不要爭，多麼愉快。不能夠不爭，不得不爭，這時候仍舊

不去爭，用「不讓」來爭，代表「不爭之爭」，這才是精明人推崇的君子之爭。

「爭」和「不爭」的分別，前者依憑「自己捧自己」，後者得力於「他人捧自己」。自己捧自己，一切好話由自己親口說盡，多麼委屈，也可能淪為無恥。他人捧自己，有那麼多人肯捧，表示公道自在人心，豈非光彩而有面子？自己不爭，他人卻樂意為我而爭。我們不需要爭，只要做到不讓，大家就會認定當仁不讓，多麼體面！

其次，大多數一般人只夠資格禮讓，惟有極少數人夠資格不讓。我們常說禮讓，很少說當仁不讓，意思是「當仁」者實在並不多，不要時時、處處以為自己當仁，因而時刻都堅持不讓。

從事情性質、輕重、緩急、大小來判斷「當仁」尺度，我們很容易覺察大部分事情實在不可爭，也不必爭，這就是精明人辨事的精明之處。當仁不當仁，一爭便看不出來，因為大家都各自以為當仁，勢必盲目亂爭。

當仁不當仁，一讓就十分明顯，大家互相推讓，當仁者幾乎立即凸顯而出，很容易被大家推舉出來。重要的是，被推舉的人必須謙讓，才能夠確認當仁的真實性與切合性。

換句話說，想要在事業上一展才華的人，要記得，在時機尚未成熟前，千萬別鋒芒太露。

年輕人總希望在最短時間內使人知道你的不平凡，要使人知道自己，當然先要引起大家的注意，要引起大家的注意，只有從言語行動方面著手，於是便容易露出言語與行動的鋒芒。

鋒芒是刺激大家最有效的方法，但若仔細觀察周圍已有相當處世經驗的同事，你就會發現他們與你完全相反。「和光同塵」毫無稜角，言語發此，行動亦然，個個深藏不露，看起來他們都像是庸才，誰知他們的才頗有位於你上者；好像個個都很訥言，誰知其中頗有善辯者；好像個個都無大志，誰知其中頗有雄才大略而願久居人下者。但是他們卻不肯在言語上

露鋒芒，在行動上露鋒芒，這是什麼道理？

因為他們有所顧忌，言語鋒芒，就會得罪旁人，被得罪了的旁人便成為你的阻力，成為你的破壞者；行動鋒芒，便要惹旁人妒忌，旁人妒忌也會成為你的阻力，成為你的破壞者。你的四周都是你的阻力或你的破壞者，在這種情形下，你的立足點都沒有了，哪裡還能實現你揚名立萬的目的？

當然也許你會說，採用這樣的辦法不是永遠無人知道嗎？其實只要一有表現本領的機會，把握這個機會，做出過人的成績來，大家自然就會知道。這種表現本領的機會，不怕沒有，只怕把握不牢，只怕做的成績不能使人特別滿意。你已有真實的本領，就要留意表現的機會，沒有真實的本領，就要趕快從事預備，《易經》上說：「君子藏器於身，待時而動。」無此器最難，有此器不患無此時。鋒芒對於你，只有害處，不會有益處，額上生角，必觸傷別人，你自己不把角磨平，別人必將力折你的角，角一旦被折，其傷害更多，而鋒芒就是人額頭上的角啊！

隋朝時，隋煬帝十分殘暴，各地農民起義風起雲湧，許多官員也紛紛倒戈轉向農民起義軍，因此，隋煬帝的疑心很重，對朝中大臣，尤其是外藩重臣，更是易起疑心。唐國公李淵（即後來的唐太祖）曾多次擔任中央和地方官，所到之處，悉心結納當地的英雄豪傑，多方樹立恩德，因而聲望很高，許多人都來歸附。因此，大家都擔心他會遭到隋煬帝的猜忌。果然，隋煬帝下詔讓李淵到他的行宮去晉見。李淵因病未能前往，隋煬帝很不高興，多少有點猜疑。當時，李淵的外甥女王氏是隋煬帝的妃子，隋煬帝向她問起李淵未來朝見的原因，王氏回答因為病了，隋煬帝又問道：「會死嗎？」

李淵從王氏得知這個消息傳後，便更加謹慎起來，他知道

如此下去，遲早會為隋煬帝所不容，但過早起事又力量不足，只好隱忍等待。於是，他故意廣收賄賂，敗壞自己的名聲，整天沉湎於聲色犬馬之中，而且大肆張揚。隋煬帝聽到這些傳聞，果然放鬆了對他的警惕。因此，才有後來的太原起兵和大唐帝國的建立。

假如李淵當初聽了隋煬帝的話，怒火中燒馬上與之理論或採取兵變，很可能會因為準備不足，時機不成熟而失敗。一旦失敗，則永無機會從頭再來了。「潛龍勿用」是《易經》第一卦乾卦中象辭告訴我們的道理，隱喻事情在發展之初，雖然有所形勢，但在實力尚未完全充分前，應該小心謹慎，不可貿然行動。同樣，一個人在羽翼未豐前，也不宜大鳴大放，因為只會招來挫敗。

一條龍尚且如此，何況乎是隻正在成長的大貓呢？

保持中立，留下面子

下屬要得到上司的欣賞，不僅要善於在工作中和上司相處，還要善於在一些特殊的場合表現出自己的才幹和優勢。

有些上司屬於爭強好勝一類的人，你則要讓著一點，應對這種上司最好的方式是不要在一起娛樂。不過，有時上司跑來邀約娛樂則是出於另一種目的，他可能工作中有些不順心，也可能受到其上司的批評，正悶著一肚子氣，想找種方式調劑一下。在這種情況下，其形象和態度都會有些反常。如果是這樣，出於對上司的體諒與幫助，則應該客氣一些，作出一些必要的讓步，使其能夠在娛樂中得到某種放鬆和調整。

不過儘管是客客氣氣地讓步，你也得有一定的適當方式，在形式上維持認真，避免讓他覺察出你在讓他，使之感到是憑自己的真本事獲勝。這樣，便可以獲得更好的效果。

任何上司都會有其缺點，而有些人總愛在背地裡議論或埋怨上司，說一些當面不說的話。在遇到這種情況時，假如你也有同樣的看法，要不要附和呢？要是不附和，不予搭理，可能會遭致人家的閒話，說你膽小鬼，馬屁蟲，沒有一點個性等等；要是附和了，萬一被上司知道，那也沒有好處，現實生活中常常有這樣的事：有些人在背地裡對上司品頭論足，說三道四。可是，他又常常回過頭去向別人和上司把你的附和添油加醋地說一番，弄得你非常難堪。

對待這樣的情況，最好是不要去附和。特別是對那些好搬弄是非的人，更應該敬而遠之。如果他非找你說這些話，也可以扯開話題，或來一個環顧左右而言他，甚至是用一些中性、誰也不知道究竟是什麼意思的「嗯，嗯」來對待。在現實生活中，儘管人們對上司會有各種各樣不同的看法，但如果是背地的議論，卻肯定又是帶有個人的利益取向。由於每個人的利益取向不一致，每個人對上司的期望和要求也不一致，所以，當別人議論上司時，你大可不必去附和，否則很容易成為某些人的工具，成為替死鬼。

同樣的，老闆和主管之間，主管和主管之間，主管和同事之間，有些工作上的矛盾是正常現象。如果你在這些矛盾衝突中，只對一方負責，就未免患了「近視眼」，這是典型的「短期行為」。在古代封建社會有「一損俱損，一榮俱榮」的現象。這種情況如果發生在今天，當然是不正常的，但是，應注意的是，如果你陷於一種矛盾漩渦中不能自拔，不是妥善地、兼顧地去處理各種關係，而是「剃頭的挑子一頭熱」，那麼一旦情況發生了變化，你就會失去了自己的優越點。

上司之間常常會出現矛盾和衝突，在這種情況下，當下屬的可就困擾了。有時你和這位上司親密一點，又怕惹惱了另一位上司；你要與另一位上司接觸多一點，又怕開罪這一位，總之，這種狀況使得下屬左右為難。

特別是那些在工作中不得不經常與上司打交道的人，更是不便開展工作，在這種情況下，要不要保持中立的態度呢？從而儘量做到左右逢源，兩邊都不得罪。

一般而言，採取中立的態度是可取的。也就是說，進行一種等距離的工作方式，跟誰都不過分密切。或者說，完全從一種純工作的角度著想，沒事儘量少與上司們打交道。特別要注意不讓其中一個上司認為你是另一個上司的人。

但是，在現實工作中，想要完全採取一種純粹中立的工作方式往往比較困難。舉例來說：其一，可能你過去就與某一位上司關係比較好，來往也比較多。後來，新的上司來了之後，與已經在位的上司發生矛盾。此時，你就不好辦了。因為，如果你還是採取一種中立的態度，在客觀上等於是與原上司疏遠了。這樣，他很可能認為你是不值得信任的，從而對你產生種種看法。其二，有些上司們在彼此發生衝突的情況下，都想拉攏一些人，建立自己的隊伍，他往往會在周圍選擇他認為信得過的人。當他找到你的時候，可你又以一種中間人的態度對待他，由此也可能會產生不好的後果。其三，兩邊不得罪，往往會形成兩邊都得罪的結果，特別是在一些有直接利害衝突的事情上，你如果完全採取一種與我無關的態度，實際上等於是放棄了機會，也使得上司們都不喜歡你。

最好的方式是一切從工作出發，該怎麼樣就怎麼樣。為了工作，應該多與誰接觸，就毫無顧忌地來往，用不著擔心另一位上司的看法。這樣，你的所作所為便顯得自然大方。另外，對這樣的上司，工作之外的接觸盡可能少，與工作無關的話題盡可能少。

向上管理，諫勸藝術

有時在接受上級交辦的任務時，一定要先思考，不能面對權威就輕易妥協。但是要如何達到目的，又是一項需要學習的高深本領。老子在《道德經》裡說：「曲則全，枉則直」，意思是說，我們如果像小草一樣順風傾倒，就能保全自我，而想要起身直立，若不彎曲膝蓋，同樣是辦不到的。所以有時非拐個彎不可才能達到目的，要知「寧向直中取，不向曲中求」可是一個天大的錯誤。

相傳秦始皇聽信方士吃公雞蛋能長生的話，便命令甘羅的爺爺前去尋找。

「爺爺，您有什麼心事嗎？」甘羅看到愁眉不展的爺爺在房間裡走來走去，便上前問道。

「唉，皇上聽信方士的話，要吃公雞蛋以求長生。現在命令我去找，要是三天之內找不到，就得受罰。」

甘羅一聽，也著急起來。不過他靈機一動，有了主意。「爺爺，您不用再為此事操心，三天後我替您上朝去，我有辦法應付皇上。」聽了甘羅的話，一向信任他的爺爺也就放下心來。

三天的期限已到，甘羅不慌不忙地隨著一班大人走進宮殿。

秦始皇認識他，暗想一個小孩跑進宮殿來簡直是無禮，便生氣的問：「你來做什麼？是不是你爺爺找不到雞蛋不敢來了？」

「啟稟陛下，我爺爺來不了。」甘羅冷靜地說，「他在家生孩子，所以我只得替他來上朝了。」

「胡說！」一句話把秦始皇逗樂了，「你這孩子，男人怎麼會生孩子？」

「既然公雞能下蛋，為什麼男人就不會生孩子呢？」甘羅反問道。

秦始皇一聽，自然知道自己錯了。同時也看出了甘羅不簡單，便以「孺子之智，大於其身」來評價他。

小甘羅利用歸謬法（又稱反證法或否證法）使秦始皇發現自己自相矛盾的觀點，而這正是拐彎說話的藝術。當一個人發怒的時候，所謂「怒不可遏，惡不可長」。尤其是古代帝王專制政體的時代，皇上一發了脾氣，要想把他的脾氣堵住，那就糟了，他的脾氣反而發得更大，不能堵的，只能順其勢——「曲則全」——轉個彎，把他化掉就好了。

三國時代，劉備在四川碰上天旱，為了求雨，乃下令不准私人家裡釀酒，因為釀酒會浪費米糧和水。命令下達，執行命令的官吏，在執法上卻發生了偏差，有的老百姓雖然沒有釀酒，但家中被搜出做酒的器具來也得遭受處罰。雖然劉備的命令並沒有說搜到釀酒工具的人要處罰，可是天高皇帝遠，老百姓有苦無處訴，弄得民怨處處，隨時可能會醞釀出亂子來。

簡雍是劉備的妻舅。有一天，簡雍與劉備兩郎舅一起出遊，順便視察，兩人同坐在一輛車子上，簡雍一眼看到前面有一男一女走在一起，他就對劉備說：「這兩個人，準備姦淫，應該把他倆捉起來法辦。」

劉備說：「你怎麼知道他們兩人欲行姦淫？又沒有證據，怎可亂辦呢！」

簡雍說：「他們兩人身上，都有姦淫的工具啊！」

劉備聽了哈哈大笑說：「我懂了，快把那些有釀酒器具的人都放了吧。」

現代職場雖不致有殺身之禍，但面對頂頭上司與老闆的道理卻仍是相同的，因此，「曲則全」的諫勸藝術，是不可不學的諫勸藝術。

Chapter 3
老虎的叢林法則

當你不再是貓，而是隻統御百獸的老虎時，身為領導者，你必須培養自己的眼光，規劃出未來的遠景，同時熟悉管理百獸的方法，因此，你必須懂得叢林的運作方式。

跨越目標，追求完美

當你晉升為承擔責任的管理階層時，就像成長達到高峰的大貓，牠不再只是一隻貓，而是逐漸蛻變成一隻超級大貓，也就是領導百獸的老虎。但「高峰」並不是「頂峰」，雄霸一方的百獸之王前方，永遠都還有萬獸之王的存在，所以一旦「功成名就」之後，千萬不能得意忘形，把當初那份兢兢業業的態度忘得一乾二淨，因為你始終還有進步的空間。

被譽為二十世紀八零年代美國最著名的運動作家法蘭克·狄佛（Frank Deford），曾經為《運動畫刊》（Sports Illustrated）執筆二十七年之久，先後得過六次運動作家獎，完成了十本著作。不過，狄佛在年過五十後，一手推翻了過去在運動界所累積的聲譽，改任《國家報》（The National）的總編輯。理由是，他覺得從前的工作已不再具有挑戰性，他願意接受新的冒險，準備另闢疆土。

狄佛處在生涯的顛峰期，擁有傲人的成就，然而，他並沒有因此洋洋得意，反而鞭策自己，不斷突破和創新。在現實生活中，類似自大、自狂、自傲、懈怠而導致一敗塗地的故事，多得不勝枚舉。絕大多數的劇情不外乎是：原本辛苦打下的江山，因為無法精益求精，沒有繼續追求更好的品質，結果，某一天一覺醒來，突然發覺所有的豐功偉業全都化為烏有。

錯在哪裡？很簡單，他們弄錯了一件事，錯把當初設定的「成功」當成唯一的目標，當自己達到目標時，便以為大功告成。可是，世界上哪裡有所謂「最終、最好」的東西，真正的成功永遠遙不可及，追求「完美」

只不過是一個無止境的過程罷了！

不論是個人還是企業，不論是服務、知識、技術、能力、市場等各方面，永遠都不能停滯不前，尤其現在的環境競爭如此激烈，即使你今天站在高處，誰也不能保證你明天不會栽下來。

管理學就很清楚的指出，在任何的高原期之後，緊接著就是陡降的下坡期，必須不斷的改良、演進，才能生生不息。

在很多組織內部，其實都可以看到這種位居「高原期」的員工，因為自認已爬到了頂點，就不再追求成長，也不願冒險嘗試；或覺得已沒有成長的空間，反正已經停滯了，不如混混日子，過一天算一天吧！

既然永遠追不到最好的，那就乾脆完全放棄，不要追吧！其實，追求成功不難，關鍵在於要把成功當成跳板，而不是標竿。《改變遊戲規則》（If it Ain't Broke...Break It!）的作者羅伯特．克利傑（Robert J. Kriegel）就有一個貼切的解釋：標竿是靜止的，易於讓人將他推倒；而跳板卻使人保持躍動狀態，不斷向更高點邁進。羅伯特是運動心理專家，常年擔任奧運及職業運動選手的心理教練。根據他的觀察，再偉大的運動員，也不可能永遠處於巔峰狀態，絕對需要不斷的練習、再練習。

如果你想保住「最好的」，絕對不能遊手好閒，想辦法做點突破吧！即使你為了昨天的榮耀而停下腳步，很快你就會發現，這些光環立刻就成為歷史了！

有一位朋友來到居里夫人（Madame Curie）家中做客。他忽然發現居里夫人的小女兒手裡正在玩英國皇家學會授予居里夫人的一枚金質獎章。他不禁大吃一驚地問：「居里夫人，能夠得到一枚英國皇家學會頒發的獎章，那是極高的榮譽，妳怎麼能讓孩子隨便拿著玩呢？」居里夫人聽了後，笑了笑說：「我只是想讓孩子從小就知道，榮譽就是玩具，只能看看而已，決不能永遠守

著它，否則就將一事無成。」

居里夫人正是以這種不斷進取的精神，一心於科學研究上，不斷取得新的成就。後來她和丈夫共同發現了鐳元素，然後又獨自發現了氯化鐳，並分析出鐳的單體，為科學研究和醫療事業做出了極大的貢獻。她成為迄今世界上唯一兩次獲得諾貝爾物理學獎的女性。

人類需要探求的知識是無窮無盡的，只有那些虛懷若谷的人才有機會在一次的成功之後還有進步，因為只有不斷前進的人才可能達到更高層次的追求。因此，得意不忘形，是成功道路上應時時記起的忠告。

轉換靈感，成就機會

身為領導者，必須清楚自己的目標與公司的目標為何，才能給部屬明確的方向，所以培養自己的眼光是很重要的，因為如果你無法正確看待事物，就無法做出正確的判斷。現實中有許多成功的商機都是來自一點點的靈感，如何透過精準的眼光，把握一時的靈感，將其轉變成自己的機會，往往是成功的關鍵。

早期並沒有「貓砂」（Kitty Litter）這種東西，養貓的人都是用塵土或沙子來處理貓咪的排泄物。一九四七年冬天，一位養貓人因為原本使用的泥土結冰而無法用，於是向鄰居愛德華．洛爾（Edward Lowe）尋求幫助。洛爾是一位退伍軍人，在父親經營的

工業用吸收土公司工作，便將既有的黏土介紹給她，沒想到鄰居一用便愛上了。洛爾靈機一動，心想其他養貓的人應該也會喜歡這種黏土，於是他分裝了十袋五磅的這種黏土，並在袋上寫上「貓砂」，每袋以六十九美分出售。不過因為一般的沙子很便宜，所以大家都認為洛爾的產品賣不出去，但出人意料的是，洛爾的十袋黏土很快就賣完了，於是「貓砂」正式成為一種商品名稱。

回頭看一件事情的成功，似乎很簡單，只要抓住一時的靈感，有些事情就會迎刃而解，同時也許還會給你帶來很多的財富，但如果你膽子不夠大，步伐不夠快，那個因冒險而成功的人就不會是你。

哥倫布（Christopher Columbus）發現新大陸後，返回西班牙，有人不以為意地說：「不過是搭船向西，碰巧遇上新大陸罷了，只要有船，誰都辦得到！」哥倫布聽聞，拿起一顆水煮蛋，問有誰能將蛋立起來，結果沒人辦得到，於是哥倫布在蛋上輕敲出一個凹洞，讓蛋立刻就立了起來。

英國作家王爾德（Oscar Wilde）曾說：「第一個將女人比喻作花的是天才；第二個將女人比作花的是庸才；第三個將女人比喻作花的是笨蛋。」很多事看似簡單，但是只有具有開創能力與勇氣的人才會成功！

哥倫布發現新大陸，鄭和七下西洋，諾貝爾發明炸藥，哥白尼創立天體運動論，這些歷史上的著名事件，都開始於冒險。沒有冒險精神，人類就沒有創造，就沒有社會改革。不經過無數次的冒險，人類就不可能從茹毛飲血的社會，進化到今天能夠坐在中央空調的大樓裡品嘗咖啡的時代。只有帶著沉重的風險意識，敢懷疑並打破過去的秩序，才有機會通過冒險而取得勝利，也才能享受到成功的喜悅。

冒險，並不一定成功。但成功的源頭便是失敗，成功只是無數失敗中的分子，不是無數失敗中的分母，正常的規律是，無數的失敗換來一次成

功，無數人的失敗換來一人成功。懼怕失敗，不冒風險，求穩怕亂、平平穩穩地過一輩子，雖然可靠、平靜，雖然生活「比上不足比下有餘」，但那是多麼的無聊。

冒險失敗遠勝於安逸平庸，與其平庸地過一輩子，不如轟轟烈烈一場。

勇敢冒險，抓緊機會

無限風光在險峰，有機會就有風險，那些在生活中墨守成規的人一輩子都不會成功，因為在機會面前畏首畏尾的人，永遠都會錯失良機，錯過險峰上的美好絕景。機會來之不易，一旦抓到，就不能放手，要最大限度地利用。

經商沒有風險是假的，風險總是伴隨著機會而來的，這是因為，在獲得成功的機會時，你也要為成功付出代價。當然，風險並不是不能規避，只要我們做好充分的事前準備，對可能出現的問題考慮周到並及時想出對策，就能化風險於機會當中。

十一歲那年，李嘉誠來到香港。到了十四歲，由於父親去

世，他輟學打工。再後來，他舅父讓他到他的鐘錶公司上班，但是他沒有答應，因為他想自己找工作。從他年紀輕輕就不肯輕易接受幫助，而要自己尋找機會這點看來，就表現出他的自強獨立和自信的性格。

李嘉誠先到銀行尋找機會，因為他覺得銀行一定有錢，銀行是同錢打交道，它也不可能倒閉。但是銀行的夢想沒有成功，他當了一名茶館裡的堂官。那個時候，他每天工作近二十個小時，但儘管如此，他還是決定利用工作之餘的時間自學完成中學課程。

那時候他實在太窮，買不起書，但他發現有些中學生會把舊書賣掉來換回一些錢。於是他找舊書店買舊教材，一次只買一兩種，學完之後，又拿到舊書店去賣，用賣舊書的錢買其他舊書。就這樣，李嘉誠既掌握了知識，又沒有浪費錢。

後來，他進了舅父的鐘錶公司，他建議舅父迅速占領香港的中低檔鐘錶市場，結果大獲成功。

一九四六年，他十七歲，開始自己的創業道路，結果屢遭失敗，幾次陷入困境。

一九五〇年夏，李嘉誠創立了長江塑膠廠。他之所以要創立這個廠，是因為通過分析，他預計全世界將會掀起一場塑膠花革命，而當時的香港，塑膠花市場是一片空白。

這是一個機會。

工廠經營到第七個年頭時，李嘉誠開始放眼全球。一天，他在英文版《塑膠雜誌》上讀到一則簡短的消息：義大利一家公司已開發出利用塑膠原料製成的塑膠花，即將投入生產並進軍歐美市場。他立即想到另一個消息，許多家庭主婦喜愛在室內外裝飾花卉，但他們不懂植栽，塑膠插花可以彌補這一不足。他由此判斷，塑膠花的市場將是很大的，而且他要搶先佔領歐美這個市場。於是，李嘉誠以最快的速度趕到義大利，考察塑膠花的生產技術和銷售前景。

在義大利他先以經銷商的身份進入那家公司的產品陳列室，可是得不到具體的生產工藝和技術。他又想出一個絕招，他在這家公司的下游廠打工，清除廢品廢料。他和一些技術工人交朋友，從他們口中套知有關技術。這個重要任務完成以後，他又去了解市場行情，認清這個行業的未來前景。

從義大利回到香港，他就開始行動，搶先生產塑膠花，迅速占領並鞏固了香港市場。接著，他開始進軍歐美市場，這時候，另一個重大機會出現了。一個歐洲的大批發商看中了李嘉誠公司的低價產品而找到他。但他要求李嘉誠有實力雄厚的公司和個人進行擔保。李嘉誠找不到擔保人，但他沒有放棄。他與設計師一道通宵達旦連夜趕出九款樣品，批發商只準備訂一種，李嘉誠則每種設計了三款。就這樣，在沒有擔保的情況下，李嘉誠簽了第一份合約。長江公司很快占領了大量的歐美市場。塑膠花使長江實業迅速崛起，李嘉誠也成為世界「塑膠花大王」。

幾年後，李嘉誠把重心轉向房地產。此時香港經濟迅速發展，港島和新九龍中心地價猛烈上升，等人們認識到這一行情時，洞察先機的李嘉誠已成為地產界的主力軍。

該投入的時候就投入，該撤出的時候就撤出，穩健的李嘉誠就是能夠審時度勢，見機行事，善於抓住機會，努力拚搏。

香港的房地產業在香港經濟的發展中處於舉足輕重的地位，甚至被稱為「香港經濟的寒暑表」。二十世紀六零年代初期的香港，由於人口急劇膨脹，香港當局的土地政策導致房地產的迅猛發展。在這股經營地產的狂

潮中，李嘉誠一方面繼續大興土木，另一方面密切關注局勢變化、市場走向。幾年後隨著局勢的動盪，香港的房地產一次又一次顯示了它大起大落的特色。

某年爆發銀行信用危機，房地產也受到冷落，價格一直下跌。許多建築公司、地產公司紛紛倒閉。在那個百業蕭條的年代裡，李嘉誠再次審「地」度勢，他一方面加強穩固塑膠業中保持獨佔鰲頭的地位，另一方面不動聲色的將利潤換成現金，充分利用這個機會，以低價收購了大量的地皮和舊房。到二十世紀七零年代中期，李嘉誠從一九五八年擁有樓宇四萬平方公尺，發展到兩百一十萬平方公尺。

李嘉誠的每一次發展都是一次機會的實現，但如果你不具備獨到的眼光，不具備冒險的精神，你就永遠不可能獲得成功。風險是我們每個人都不願意面對的事情，但是，所有的機會都蘊藏在風險之中。李嘉誠甘冒香港整個房地產業的不景氣風險，是因為他判斷地產業的機會較大。如果因為不願意冒險而放棄，你就永遠不要想尋找什麼機會。畢竟，有得必有失才是真正的道理。

洞悉遠見，堅持實行

一點點靈感，加上冒險精神，只要你看得夠遠，努力堅持下去，就有機會成功，哥倫布如此，許多成功者也都是如此，只要不顧你不能或無法做的情形，無論如何都去做，就能使一個人去完成近乎不可能的事情。

現今眾所皆知的福特汽車（Ford Motor Company）創辦人亨利．福特（Henry Ford），直到四十歲以後，旗下研發的T型車與A型車才陸續成功，為生意帶來重大大突破。有一天亨利．福特招集所有設計人員，宣布要投入不同於現在四缸引擎汽車的研發，他需要八缸引擎的新一代汽車。可是這些工程師們認為，礙於成本，這是不可能達成的目標，所以照實向亨利．福特報告，但他依然堅持，炯炯有神地注視大家說：「你們不了解，我必須有八缸引擎，你們要為我打造一個，現在就做吧。」

之後在亨利．福特的堅持下，他們終於找到了技術的關鍵突破，成功打造技術先進的V8引擎，為福特汽車帶來了前所未有的成功。

一個領導者必須有遠見，有膽識，敢勇於開創，並堅持到底，才能把不可能的事變成可能，為自己帶來成功，為公司帶來利益，也為員工提供未來的長遠目標。

指導下屬，提出建言

在目前的社會，除非是不得已，很少有人願意去指責他人，大家彼此互相縱容，即使看到他人不當的行為，也都裝作視若無睹的樣子。

不過當你晉升為承擔責任的管理者時，角色也從挨罵轉換成了指責的一方，如果忽視部屬在公司裡的不當行為，而不加以指正，那麼有朝一日，你將會蒙受損失而又會回到挨罵的角色。

職場上，有些人好像不受他人指責，身心就會感到不安似的，甚至希望別人來管束他，而這或許就是一種「求救於他人」的跡象，這時我們就不應該袖手旁觀，要運用適當的方法來幫助他。

有一個薪水階層的職員，不但做事不負責，而且經常藉故請假，同事都稱他是個「寄生蟲」。

有一天，他接到上司寄來的信，信上說：

「我一直以溫和的態度對待你，凡事都抱著得饒人處且饒人的觀念來處理，事實證明，我這種做法錯了！如果我再不糾正你這種不敬業的精神，不但對公司不利，對你自己也有害處。

你今天的態度根本不忠於自己，對人生也缺思量。每個人的心中固然都隱藏著煩惱和悲哀，但你卻一味逃避現實，每天自甘墮落。這種鬆散的態度可以偶爾為之，不過，人生並不是這麼簡單，如果長此下去，不久你就會發現，你已經被自己、朋友和社會拋棄了。

即使你對於這份工作不滿意，不想做也沒關係，但是，千萬不要悲歎自己的不幸，不要歸咎他人，不要埋怨社會上缺少人情味，不論面臨什麼困境，都不要存有依賴他人的心理。人生總有

許多不如意的時候，不要怨天尤人。人生是孤獨的，你要牢記，在這個世界上，除了自己以外，一切都不可靠。

上面這些話即使我不說，相信你也一定明白，但我若不將它說出來，心裡會一直過意不去，因此，我才寫了這封信給你。你心裡也許也有許多話要說，如果你願意，可以把你心中的困擾告訴我，不論什麼時候，都歡迎你來找我，或者打一通電話過來。

我給你十天的期限，在這段期間，如果你能改過，我將以三顧茅廬之禮歡迎你，要是過了十天，你仍然沒有回應我，還是過著自欺欺人的生活，我就不需要你回公司了。你可以到你要去的地方，做你要做的事，我在此靜候你的回音。」

看完信後，他才發現世界上竟然有人這麼關心他，不禁痛哭失聲。從此以後，他在態度上有了很大的轉變，和以前簡直判若兩人。

有資格教訓別人的人，應該要先懂得鞭策自己，唯有以責罵自己的心理來指責他人，才能中肯見效，否則對方必定聽不入耳。

然而，在斥責別人時，只要使對方認識到自己的錯誤即可，切不可揪住別人的小辮子不放，要牢記：得饒人處且饒人，凡事都要留有餘地。

俗話說：「狗急跳牆。」國外有句相同的諺語：「走投無路的老鼠會咬貓。」老鼠無論如何也鬥不過貓，但是在情勢所逼，走投無路時，也可能拼命決一死戰，給予貓意想不到的反擊。

人類也有這樣的情形。有人喜歡對他人無止盡的追問，於是被追問者為了保護自己，往往會絞盡腦汁地辯駁、反擊，而無深思反省的餘地。再者，無論是什麼人都難免有些缺點，如果辦事說話喜歡窮追不捨，緊逼不放，對方在情急之下，極有可能反咬你一口，從而造成雙方僵持不下的尷尬局面。

吳先生是位熱心於教育的企業成功人士，雖然年逾半百，但是每天早晨仍然會和部屬一起跑步，其精力之充沛決不亞於年輕人。一天早晨，天空正下著毛毛細雨，員工們不知是否仍要跑步，於是向吳先生詢問。吳先生說：「如此小雨，照做不誤。」此時，其中有一位年輕人輕聲地咕噥一句：「要做你自己去做好了。」不料這話被吳先生聽到了，於是喝斥道：「你說什麼？在大家面前再說一遍！」吳先生的怒斥使這位年輕人緊張萬分，但是吳先生對此並沒有深究。這位年輕人是個不滿現實、喜愛製造事端的人，平常即不受大家歡迎，吳先生的斥責使得其他人覺得非常痛快，認為他是罪有應得，而且對吳先生的作風深感佩服，從此之後，所有的員工都愈發尊重吳先生了。

當斥責時，不用客氣留情，但是必須適度，在斥責之後必須給予無限的信任和關懷，並伸出援手，使他改正錯誤，而不是一味追究責罵，從此戴上「有色眼鏡」，一棍子把人家打死，使他受到最澈底的傷害，這是最愚蠢的人才會採取的笨拙方法。

承擔責任，力挺部屬

不過，有些時候，當下屬犯了過錯，身為上司如果只是一味埋怨，推卸責任，也只會令更高層級的上司反感。所以說，一方面與下屬一起承認錯誤，體現出應有的風度；另一方面，即使有諸多是非，也應適時站在下屬這邊，因為懂得替他人擋駕的上司，也是最會收攬人心、最有人緣的上司。

「一切責任在我。」一九八〇年四月，在營救駐伊朗美國大使館人質的作戰計畫失敗後，當時的美國總統吉米·卡特（Jimmy Carter）立即在電視機裡做了如上聲明。

在此之前，美國人對卡特的評價並不高。有人甚至評價他是

「誤入白宮、歷史上最差勁的總統」，但僅僅由於上面的那一句話，支持卡特的人居然驟增了百分之十以上。

做下屬最擔心的就是做錯事，尤其是費了九牛二虎之力後卻依然闖了大禍的事，因為隨之而來的便是責任與懲罰問題，而生活原本就是一連串的過失與錯誤，再仔細、再聰明的人也有陰溝翻船的時候。可翻了自己的小船便也罷了，而一旦不小心捅漏了許多人共同謀生的大船，也就真有可能弄個「吃不了兜著走」的下場。

因此，沒有哪個人不害怕擔責任的。

試想有一天你不幸闖了大禍，如驚弓之鳥般向上司報告之後，憂心忡忡地挨到第二天，坐到那個如同「公審大會」的會場上「聽候發落」時，上司竟如卡特總統在眾目睽睽之下擲地有聲地來了句：「一切責任在我！」那該是何種心境？卡特總統的例子充分說明，下屬及群眾對一個上

司者的評價，往往決定於他是否有責任感。

但事實上，要像卡特那樣大難即將臨頭還能聲明「一切責任在我」並不容易。大多數上司在處理下屬乃至自己本人的失誤和錯事時，總是想提出各種理由為自己開脫，惟恐遭到連累，引火焚身。卻殊不知既是他人的「上司」，那麼下屬犯錯，即等於是自己的錯，起碼是犯了監督不力和委託非人的錯誤。何況上司的責任之一，就是教導下屬如何做事。

所以，懂得如何收攬人心的上司，在下屬闖禍之後，首先會冷靜地檢討一番自己，然後將他叫來，心平氣和地分析整個事件，告訴他錯在何處，最後重申他的宗旨——每一個下屬做事都該全力以赴，漫不經心、應付差事是要受懲罰的。當然，還要讓他明白，無論如何，自己永遠是他們的後衛。

那種不分清紅皂白，無論下屬的過錯是否與自己有關都大發雷霆，不時強調「我早就告訴你要如何如何」或「我哪裡管得了那麼多」之類言語的上司們，不僅使下屬更不敢於正視問題，不再感到絲毫內疚，而且避免不了日後同這種上司大鬧情緒，甚至永遠不可能再擁戴他。

慷慨讚美，親近人才

有過需要責備，有功也需要讚美，賞罰分明的上司才能在下屬心中建立公正的良好形象。好的領導者自然不必阿諛下屬，不過，居高臨下的美言卻是最能顯現出領袖誠意的做法。

現代化商戰，說到底是人才的較量。人才就意味著長久的財富。人才流失就是財富的流失，留住人才，就需要你放下架子，真誠懇切，尊重他們。下面這個例子就說明了這個問題。

> 一天，一位原來擔任中階領導職務且深具才幹的年輕人忽然辭職走人，李總經理得知他是被聘到一家酒店做經理，於是親自前往那家酒店。前老闆主動來喝酒，令剛辭職的年輕人深感意

外，但想避開已經來不及了，只好笑臉相迎，請李總喝酒，並在一旁陪著。

兩人細飲慢說，李總笑容可掬，情緒高昂。他先與這位過去的下屬扯起一些一起打拼、過關斬將的往事，講得眉飛色舞。隨後才談到年輕人的近況，他興致勃勃地問：「新工作很好吧？是不是做得很順手？」年輕人當然要把其現狀好好描繪一番：很受新老闆賞識，當上經理以後，手下協作也不錯，初步估算，在一年內可以為公司賺進五十萬元。年輕人一邊說一邊覺得很得意，李總淡然一笑，說：「五十萬嗎？我認為太少了。」「就這麼個小酒店，一年賺這麼多已經很不錯了……」年輕人小聲地辯解。

李總一本正經地說：「也是，不過照我看，依你的才能，一年應該賺幾百萬的，你太沒自信了，這個小地方藏不下你這條蛟龍，所以我看你在這是大材小用啊！還是跟我回去，怎麼樣？」

年輕人感到非常意外：「李總，你不是開玩笑吧？我剛離開，你還要我回去……」李總慢悠悠地說：「我想問題和做事情向來都是認真的。」年輕人為難地苦笑：「我連公司的宿舍都退了，回去還有位置嗎？」

李總道：「當然有，你的才幹在小酒店裡太委屈了，所以只要你願意回來，我都等著你。」

後來，年輕人果然返回公司，一年後，經過東拚西殺，為公司獲利幾百萬。

要成為有效的領導者，卡耐基告訴你一個原則：讚美最細小的進步，而且是讚美每一次進步，要誠懇的認同和慷慨的讚美。

惟有放下架子，真誠懇切，才能做到這些。

講究情義，收買人心

講究情義是人性的一大弱點，中國人尤其如此。「生當隕首，死當結草」、「女為悅己者容，士為知己者死」，無一不是「感情效應」的結果。為官者大都深知其中的奧妙，因此，不失時機地付出感情投資，對於拉攏和控制部下，往往能收到異乎尋常的效果，因為情義作祟，「吃人嘴軟，拿人手軟」。

韓非子在講到馭臣之術時，只說到賞罰兩個方面，這自然是最主要的手段，但卻很不夠，有時兩句動情的話語，幾滴傷心的眼淚往往比高官厚祿更能打動人心。因此，感情投資，可謂一本萬利，是一種最為高明的統治術。

有許多身居高位的大人物，會記得只見過一兩次面的下屬名字，在電

梯上或門口遇見時，點頭微笑之餘，叫出下屬的名字，會令下屬受寵若驚，所以富有人情味的上司必能獲得下屬的衷心擁戴。

吳起是戰國時期著名的軍事家，他在擔任魏軍統帥時，與士卒同甘共苦，深受下層士兵的擁戴。當然，吳起這樣做的目的是要讓士兵在戰場上為他賣命，多打勝仗。他的戰功大了，爵祿自然也就高了。「一將成名萬骨枯」嘛！

有一次，一個士兵身上長了個膿瘡，作為一軍統帥的吳起，竟然親自用嘴為士兵吸吮膿血，全軍上下無不感動，而這個士兵的母親得知這個消息時卻哭了。有人奇怪地問道：「妳的兒子不過是小小的兵卒，將軍親自為他吸膿瘡，妳為什麼倒哭呢？妳兒子能得到將軍的厚愛，這是妳家的福分哪！」這位母親哭訴道：「這哪裡是愛我的兒子呀，分明是讓我兒子為他賣命。想當初吳將軍也曾為孩子的父親吸膿血，結果打仗時，他父親格外賣力，衝鋒在前，終於戰死沙場；現在他又這樣對待我的兒子，看來這孩子也活不長了！」

人非草木，孰能無情，有了這樣「愛兵如子」的統帥，部下能不盡心竭力，效命疆場嗎？

吳起決不是一個通人情、重感情的人，他為了謀取功名，背井離鄉，母親死了，他也不還鄉安葬；他本來娶了齊國的女子為妻，為了能當上魯國統帥，竟殺死了自己的妻子，以消除魯國國君的懷疑。所以史書說他是個殘忍之人。可就是這麼一個人，對士兵卻關懷備至，像吸膿吮血的事，父子之間都很難做到，他卻一而再，再而三地去做，難道他真的是獨獨鍾情於士兵，視兵如子嗎？自然不是，他這麼做的唯一目的是要讓士兵在戰場上為他賣命。

作為上司，只有和下屬建立好關係，贏得下屬的擁戴，才能激勵起下屬的積極性，從而促使他們盡心盡力地工作。俗話說：「將心比心」，你想要別人怎樣對待自己，那麼自己就要先那樣對待別人，只有先付出愛和真情，才能收到一呼百應的效果。

小娟的工作單位來了一位新的主管，不知是對舊主管還存著一種懷念，還是這位新主管長得不高也不帥，小娟對他始終沒有好感。其實對這新主管沒有好感的並不只小娟一個，包括二位男孩子，幾乎整組的同事都「不喜歡」這位新主管。可是又不可能把他趕走，自己也不可能調職……

怎麼辦呢？小娟有點擔心。

有一天，也就是新主管到任的第二個星期三，新主管宣布請大家吃飯，說是要「大家彼此熟悉熟悉」。這種餐會是沒有理由拒絕的，小娟雖然不太樂意，還是去吃了這頓飯。席間，這新主管有說有笑，大家吃得很高興。小娟開始覺得，新主管也滿可愛的，其他同事也有同樣的感覺……。一頓飯，就化解了隔閡，真奇妙！

日本著名的企業家松下幸之助曾說過：「最失敗的領導，就是那種員工一看見你，就像魚一樣沒命地逃開的領導。」

不過，有時送到嘴邊的肥肉也別亂吃，人說「防人之心不可無」，「心急吃不了熱豆腐」，心一急，防範之心漸退，便會讓有備而來的對手乘虛直入。

扭轉觀點，尋求合作

一個人的力量有限，所以才會有公司的存在，既然是群體存在，就必須講求合作，才能成就大事，職場上如此，商場上也是如此。統御百獸的老虎，如果只是一味的單打獨鬥，而無法團結百獸，是無法成就更高的境地，對老虎、對公司皆然。

學會和不喜歡的人相處合作，是一種技巧。人的某種本能趨勢就是與自己喜歡、欣賞的人靠近，同樣也就遠遠的躲開那些自己不喜歡、不願意打交道的人。然而，生活中並不能讓我們那麼隨心所欲，由於各式各樣的原因，我們經常要與自己不喜歡的人，甚至是與自己敵對的人打交道，這就需要用到一些技巧——用真誠的態度對待每一個人，包括你不喜歡的對象。

當遇到與我們意見不一致的人時，應該怎麼做呢？

哈蒙（John Hays Hammond）曾被譽為全世界最偉大的礦產工程師，他從名校耶魯大學畢業後，又在德國佛萊堡攻讀了三年。畢業回國後，他去向美國西部礦業主哈斯托求職。哈斯托是個脾氣執拗、注重實踐的人，他不太信任那些文質彬彬、專講理論的礦務工程技術人員。

哈斯托說：「我不喜歡你的理由就是因為你在佛萊堡做過研究，我想你的腦子裡一定裝滿了一大堆傻子般的理論。因此，我不打算聘用你。」

於是，哈蒙假裝膽怯，對哈斯托說道：「如果您不告訴我的父親，我將告訴您一句實話。」哈斯托表示他可以守約。哈蒙便說道：「其實在佛萊堡時，我並沒有學到什麼學問，我盡顧著工作，多賺點錢，多累積點實務經驗。」

哈斯托立即哈哈大笑，連忙說：「好！這很好！我就需要你這樣的人，那麼，你明天就來上班吧！」

在某些情況下，別人所爭論不休的論點，對自己來講反而不那麼重要。比如，哈蒙從哈斯托口中得來偏見時，他所需要的不是去斤斤計較，而是尊重他的意見，維護他的「自尊心」而已。

敏銳的人在對付反對意見時常常儘量使自己做些「小讓步」。每當一個爭執發生的時候，他們總是在心裡盤算著：關於這一點能否作一些讓步而不損害大局呢?因此，無論在什麼時候，應付別人反對的唯一好方法，就是在小地方讓步，以取大方面的勝利。另外，在有些場合，也應該將你的意見暫時收回。

在洛克菲勒（John Davison Rockefeller）的軼事中，曾有一位不速之客突然闖入他的辦公室，並以拳頭猛擊桌面，大發雷霆，恣意謾罵他達十分鐘之久。辦公室所有職員都感到無比氣憤，以為洛克菲勒一定會拿起墨水瓶向他扔去，或是吩咐保全將他趕出去。然而，出乎意料的是，洛克菲勒並沒有這樣做。他停下手中的事，和善的注視著這一位攻擊者，那人越暴躁，他便顯得越和善！

那無理之徒覺得莫名其妙，之後便漸漸平息下來。因為一個人發怒時，若沒有遭到反擊，是堅持不了多久的。於是，他吸了一口氣，原本，他是做好來此與洛克菲勒爭吵的準備，並想好了洛克菲勒將會如何回擊他，他再用想好的話語去反駁。但是，洛克菲勒就是不開口，所以他不知如何是好。

接著，他又在洛克菲勒的桌上敲了幾下，仍然得不到回應，

只得索然無味的離去。洛克菲勒呢？就像根本沒發生任何事一樣，重新拿起筆，繼續他的工作。

不理睬他人對自己的無禮攻擊，便是給他最嚴厲的迎頭痛擊！成功者每戰必勝的原因，就是當對手急不可耐時，他們依然故我，顯得相當冷靜與沉著。

低調離間，高明挖角

企業初創時期，透過挖角廣納高手，是商戰之中最快速的突圍之技。面對人才的競爭，「離間計」實為商人求才的一個重要手段。「離間」是俗話所云的「挖牆角」。很多商家將這作為獲得人才的一個有效途徑。諸多有志商家求賢若渴卻又苦於賢才難聚；而諸多賢才卻由於不受賞識而遭埋沒。於是有志商家便巧使「離間」之計，致使賢才被上司揮袖棄之，而賢才終入有志商家手中。

宇虹集團是一家擁有三億資產的大型鄉鎮企業，其前身是一家機床廠，當時年產值僅幾百萬元。集團總裁，即當時的機床廠廠長夏林，經營有方，重視技術開發和新產品的研製。然而，企業剛開始起步時，因缺乏人才而使得企業無法迅速發展。

而該地區的另一家中型國有企業紅染機床廠則是人才濟濟，其中總工程師梁先生更是碩果累累，聲名遠播。然而，該廠廠長卻嫉賢妒能，又怕梁總工程師功高震主，因而對其忌防三分，不予重用。儘管該企業效益不錯，待遇也可以，但梁總工程師總覺英雄無用武之地，倍感壓抑，幾次要求廠長將其外調，但廠長卻不容其「紅杏出牆」，使梁總工程師苦悶不已。

夏林獲知這個情況，下決心要把梁總工程師挖過來。因此，夏林不顧「同行冤家」的古訓，主動接近紅染廠廠長，每次都裝出誠懇學習的的模樣，逐漸使紅染廠廠長對其稍懈戒心。

有一次，夏林以學習為名得以同紅染廠廠方的領導團隊交流。夏林竭力誇讚梁總工程師，抬高梁的位置，使得紅染廠廠長大失面子，竟拂袖而去。

會後，夏林又找到紅染廠廠長，先是恭維廠長如何聚才有方，廠裡能人是車載斗量，其間又重點提到梁總工程師，說紅染廠要是少了梁總工程師，真是缺了一根大台柱。夏林這番話當時就把紅染廠廠長給惹惱了。夏林趁機又提出想向紅染廠借才的請求，該廠長不假思索就答應讓梁總工程師過去。

夏林大喜過望，立即回頭誠懇邀請梁總工程師。梁本來對一個鄉鎮企業不感興趣，但由於廠長如此待己，夏林又如此誠心，便決心要好好幹一番，挫一挫紅染廠廠長的傲氣。

就這樣，梁總工程師來到了宇虹廠。半年不到就研製出了新產品，宇虹廠產值由原來的三百餘萬元一下子躍升至三千多萬元，而紅染廠卻發展緩慢，漸顯頹勢。

這時，紅染廠廠長急了，急令梁總工程師回本廠，否則以開除處理。夏林聞知，及時勸阻梁總工程師，真心誠意和高薪留住

了他。紅染廠將梁除名，梁便更死心塌地地為宇虹廠工作。宇虹廠也得到了迅速發展，幾年後便組建了宇虹集團。

夏林求才，可謂不辭辛勞，而採用這種方式，又怎能說其不對？與其讓梁總工埋沒塵埃，何不如讓他換個地方，流光溢彩呢？

夏林巧用離間，可說是合了孫子所云的「非聖智不能用間，非仁義不能使間，非微妙不能得間之實」，其情其勢，堪令人稱道。

「良禽擇優木而棲，賢臣擇明主而事。」離間求才，有時不一定主間賢才上司，也可以誠摯主間賢才，使其下決定換「主」。但「離間求才」不是讓你去做不正當競爭，而是使用恰當策略，使那些懷才不遇或有不甘屈居人後的賢才更有用武之地，從而對人對己均有益處。聰明的商家是不會視其為不道德行為的。當然，無論何時也當謹遵孫子所言。

Chapter 4
自然的生存法則

老虎的前方永遠還有萬獸之王的存在，因此雄霸一方的百獸之王，不能就此滿足，必須時時歸零，保有小貓的求生本能，抱持競爭的心態，才能與其他猛獸鬥爭，挑戰萬獸之王，超越自我，這是自然的淘汰。

準備充足，攻守自如

商場上，若非競爭，就是合作，而尋求合作的過程，其實也就是一種談判的經過，如何使自己站於上風，就是取得初步優勢的關鍵。因此，「工欲善其事，必先利其器」，執行一件事之前，如果沒有準備充足，那就像躺在砧板上，任人宰割。

牟先生五十多歲，是一家合資公司的總經理兼總工程師。他長年與外商打交道，其中有一位日本商人在談判中令他感到相當頭疼。那位商人姓松本，是日本一家極有名的大公司總裁，很富有。雙方第一次進行談判時，因為雙方都沒有談什麼實質性的內容，只是相互介紹、相互認識、相互表示合作的誠意，因此進行得很融洽。

過程中，牟先生注意到，他們的團隊中有人自始至終埋頭記錄，有的人參與會談，有的人則一句話不說地坐在那裡，不斷將目光從一個人的臉上轉移到另一個人的臉上，弄得牟先生他們感到莫名其妙。其中松本在整個談話過程中，不斷釋出善意，表達友好，會談結束時，更請每一位在場的人為他寫下幾句話作為此行的紀念。

中午，牟先生請日方吃了頓海鮮，晚上松本回請晚餐，飯後又去一間卡拉OK玩到很晚。牟先生注意到，在晚餐和唱歌的時候，每一個日本人都和一個固定的中國人一直在一起，黏得緊緊的，談笑風生，關係似乎很融洽。而松本則是一直不離他的左右。松本精通中文，和牟先生從中國瓷器談到字畫，從古到今，像個道地的中國通。牟先生的閱歷也很豐富，當過演員、從師名

家學過繪畫、當過兵、又是大學歷史系的畢業生。松本說什麼，他也能接著話題談什麼，兩個人都談得很高興，一種朋友之情便在他們相識的第一天建立起來了。當天晚上，牟先生回到家對妻子說：「這些日本人很好……」

隔天早晨，中方談判代表湊在一起，都說這些日本人不錯，對他們很友好。當牟先生聽到每個人都這麼說時，心頭突然顫動了一下，一種不妙的感覺湧上他的心頭。

上午九點三十分，約定的談判時間，日本人在松本的帶領下，以職位的高低為序，排著整齊的縱隊，隨著鐘聲走了進來。談判一開始，牟先生就發現，昨天初次會面時的輕鬆氣氛已經一去不復返了，日本人個個神情嚴肅、莊重，全神貫注的樣子。松本更是頭一句話便切入正題，然後步步緊逼，直掏核心問題。因為與前一天的輕鬆、隨意有很大的落差，中方談判人員明顯無法適應，以至於遲遲無法進入狀況。牟先生也感到很緊張，不斷地調動自己的情緒，希望在最短的時間內使自己進入充分的競爭狀態。

商場如戰場。牟先生自知情況不妙，日方攻勢明顯遠遠強於中方，而且已經直指核心問題，大有當下就要奪下總部的氣勢。松本每一句話顯然都是經過深思熟慮，字字擲地有聲，句句讓中方難以招架。旁邊的助手還不斷地把各種資料遞上，讓松本掃上一眼，引經據典，愈戰愈強。在這種情況下，一句話的說出，任何一個態度的表示，任何哪怕是極細微的條件失誤，都可能帶來無法挽回的嚴重後果。牟先生立即採取了緩兵之計，他想把這場談判拖住，套住。然而，很難，松本好像看透了他的目的，也絲毫不放鬆。拿出一副當天便要結束談判，簽訂合約的架勢。牟先生越來越感到不妙，只好找理由推託，將約定談判留到隔天再繼

續進行。

但隔天的談判依然很艱苦，「寸土必爭，寸利必奪」。日方對他公司裡的一切都瞭若指掌，一些早已遺忘小事，日本人也提出來作為他們對公司看法的佐證。牟先生不解，這些日本人怎麼會知道這麼多？知道的又這麼詳細？直到松本提及牟先生曾經做過演員的經歷，牟先生才心頭一驚，這是他在第一天相見時的閒聊中告訴松本的。此時牟先生眼前又浮現初次見面那晚，每個日本人都緊黏一個中國人的場面，他突然間恍然大悟……

談判整整進行了七天，這是牟先生做得最艱苦的一筆生意，也是他做得最滿意的一筆生意。七天間，他克服了重重困難，終於沒有讓松本占去一點便宜。松本對這次談判的結果也十分滿意，他知道，自己遇到的是一位好對手，也是一位好的合作夥伴，合約對於雙方來講都是公正的。

從那之後，牟先生和松本的往來變得密切，兩個人漸漸成為朋友。一個偶然機會，兩個不同國籍的朋友坐在一起談天，談到了他們的初識，談到了那次艱苦的談判。

牟先生說：「你真夠高明的呀，讓你的人一個個盯住我們的人，套我們的資訊。」

松本哈哈一笑，說：「這還不是我們最了不起的地方。你知道嗎，我們第一次談判時之所以那樣輕鬆，不討論正題是我有意安排的。」

牟先生說：「哦？我還真看不透你的動機，能說說嗎？」

事情已經過去好幾年了，牟先生和松本又成了好朋友，所以松本也沒有什麼忌諱的，便將自己當年談判時的計謀全盤托出。牟先生雖也是商界老手，還是聽得瞪大了眼睛，連歎見識短淺。

談判之前，松本等日本商人對牟先生及其公司了解甚少，便

決定採取先鬆後緊的戰略。具體做法是在初次見面時故意不談合作問題，給中方一種鬆懈的感覺，使他們放鬆警惕。同時在一些看似閒聊的談話中側面了解中方公司及其意圖。在談判團裡，特意請來一位日本有名的性格分析專家，就是牟先生曾注意到，把目光從一個人臉上移到另一個人臉上的日本人，當中日雙方人員談話時，他便在一邊觀察、分析個談判人員的性格。談判結束後，松本讓每位中國人給他寫一句贈言留念，也是為了給這位性格專家作筆跡分析用。就連當晚的一對一盯人，也是為了瞭解他們的性格。

嚴謹、講究效率的日本人是不會打沒準備的仗，所以一旦時機成熟，他們的工作效率是驚人的。那晚中方所有人都回家休息了，日本人卻回到飯店連夜開會，通宵達旦，一夜未眠。性格分析專家已經將一份性格分析報告交給松本，同時每一位日本人也都快速寫下他們了解到的一切。松本要求這一切都要白紙黑字寫下，絕對不能僅是口頭上的分析和敘述，這便是日本人的風格。

每個人了解的情況都擺在了大家面前，這些情況又被每個人所熟悉了。於是，便開始策劃談判策略，具體到每一句話的措辭。一直到清晨七點，日本人才稍作休息，接著便趕到談判會場，給仍沉醉在友好氣氛中的中方一個措手不及。

商場上，準備充足的一方才有機會先下手為強，主動掌握主導權，在穩中求勝。

先吊胃口，逐步深入

就像一場球賽，掌握主導權的一方，表示你能做的更多，也擁有更多策略的選擇與運用。

有時候，想要達到自己的目標，就必須刺激起對方的欲望，暗示只要能答應，好事就在後頭，並不時地給些甜頭，讓他相信你所說的並非只是一句空口大話，於是在不斷的刺激下，他的欲望也就被挑了起來，這時就是你牽著他鼻子走的時候了。

美國史丹福大學的社會心理學家弗里德曼（Jonathan L. Freedman）和弗里茲（Scott C. Fraser）兩位教授，曾以學校附近一位家庭主婦巴特太太，作了個有趣的實驗，他們打了個電話給她：

「這裡是加州消費者聯誼會，為具體了解消費者的狀況，我們想請教幾個關於家庭用品的問題。」

「好吧，請問！」

於是他們提出了一兩個簡單的問題。當然，這個電話，不僅僅只是打給了巴特太太。

過了幾天，他們又打電話了：「對不起，又打擾妳了，現在，為了擴大調查，這兩天將有五、六位調查員到府上當面請教，希望妳多多支持這件事。」

這實在是件不太禮貌的事，但也被同意了，什麼原因呢？只因為有了第一個電話的鋪路。相反地，在另一組實驗中，他們在沒有打過第一個電話，而直接跳到第二個電話的要求時，卻遭到了拒絕，他們最後以百分比作為結論。前一種答應他們的占百分

之五十二點八，後一種只有百分之二十二點二。

由此可知，談事情時，應由小到大，由微至著，由淺及探，由輕加重才是，如果一開始就有大大的要求，一定會遭受到對方斷然拒絕。

有社會經驗的人都知道，人們在有意無意之間，習慣以局部的資訊來推論全局。如果認為局部資訊是真實的，則往往認為全局都是真實的；如果認為局部資訊是虛假的，則往往認為全局都是虛假的。

因此，有心計的謀略者，在談判初期都會隱藏自己的意圖，完全以一種交朋友、談友情的味道與人接近。談判過程中也不會冒然提出要求，而是循序漸進，逐步深入，以放長線釣大魚的方式，吊吊他的胃口，最後再順勢把全部要求都說出。結果往往使那些不諳於世故或修煉不夠的對手進入圈套而大呼上當，其後果當然是悔之晚矣。

揣摩心意，順勢而為

請託別人幫忙，也是相同的道理，你得揣摩對方的心理，成為人家的心理醫生，看對方願不願意幫你，能幫到什麼程度，假如對方根本無法完成此任務，你求他也是白求。

美國《紐約日報》總編輯雷特身邊缺少一位精明幹練的助理，目光瞄準了年輕的約翰．韓，他需要他幫助自己成名，幫助老闆葛里萊成為這家大報的成功的出版家。而當時約翰剛從西班牙首都馬德里卸除外交官職，正準備回到家鄉伊利諾州從事律師業。

雷特請他到聯盟俱樂部吃飯。飯後他提議請約翰．韓到報社

去逛逛。那時他從許多電訊間看到一條重要消息，但恰巧國外新聞的編輯不在，於是他對約翰說：「要不要試試為明天的報紙寫一段關於這消息的社論？」約翰自然無法拒絕，於是提起筆來就寫。社論寫得很棒，葛里萊看後也很讚賞，於是雷特請他再幫忙頂缺一星期、一個月，漸漸地乾脆讓他擔任這一職務。約翰就在不知不覺中放棄了回家鄉做律師的計畫，而留在紐約做新聞記者了。

由此可以得出一條規律：央求不如婉求，勸導不如誘導，在運用這一策略的同時，要注意的是：誘導別人參與自己事業的時候，應當首先引起別人的興趣。所以當你要誘導同事去做一些很容易的事情時，先得給他一點小勝利。當你要誘導同事做一件重大的事情時，你最好給他一個強烈刺激，使他對做這件事有一個要求成功的希求。在此情形下，他的自尊心被激起來了，他已經被一種渴望成功的意識刺激了，於是，他就會很高興地為了愉快的經驗再嘗試一下。

總之，要引起同事對你的計畫熱心參與，必須誘導他們嘗試一下，而這首先要從揣摩同事的心理入手，然後再量體裁衣，選好時機和話題，逐步引導到你想求辦的事情上來。

經由對手無意中顯示出來的態度及姿態，藉此了解他的心理，有時能捕捉到比語言表露更真實、更微妙的思想。

例如，對方抱著胳膊，表示在思考問題；抱著頭，表明一籌莫展；低頭走路、步履沉重，說明他低落氣餒；昂首挺胸，高聲交談，是自信的流露；女性一言不發，揉搓手帕，說明她心中有話，卻不知從何說起；真正自信而有實力的人，反而會探身謙虛地聽取別人講話；抖動雙腿常常是內心不安、苦思對策的舉動，若是輕微顫動，就可能是心情悠閒的表現。

當然，對請託對象的了解，不能停留在靜觀默察上，還應主動偵察，

採用一定的偵察對策，去激發對方的情緒，才能夠迅速準確地把握對方的思想脈絡和動態，從而順其思路進行引導，使會談易於成功。

針對不同的對象談話應注意以下差異：

一、**性別差異**。男性需要採取較強而有力的勸說語言；女性則可以溫和一些些。

二、**年齡差異**。對年輕人應採用煽動的語言；對中年人應講明利害，供他們斟酌；對老年人應以商量的口吻，儘量表示尊重的態度。

三、**地域差異**。生活在不同地域的人，所採用的勸說方式也應有所差別。

四、**職業差異**。要運用與對方所掌握的專業知識關聯較緊密的語言與之交談，對方對你的信任感就會大大增強。

對不同類型的人說不同的話，才能達到最好的辦事效果。求人幫忙要看對方的層次。埋頭做事者常常是事業心很強或對某事很感興趣的人，一旦開始做事，便全身心投入，不願再見他人。這種人往往惜時如金，愛時如命，鐵面無情。要敲開這種人的門，首先不要怕碰「釘子」，還要有足夠的耐性，並且要善於區分不同情況，或硬纏或軟磨？直至達到目的。

一個善於求人的人，一定很注重禮貌，用詞考究，不致說出不合時宜的話，因為他知道不得體的言詞往往會傷害別人，即使事後想再彌補也來不及了。相反地，如果你的舉止很穩重，態度很溫和，言詞中肯動聽，雙方自然就能談得投機，求辦的事自然也易辦成。

所以為了要使對方產生好感，必須言語和善，講話前先斟酌思量，不要想到什麼說什麼，這樣引起別人皺眉頭時還不知道為什麼。那些心直口快的朋友，平時要多培養一下自己的深思慎言作風，切不可像隨地吐痰似的，不看周圍是何處就脫口而出，那樣會影響到自身的形象。

既然要託人幫忙，大多是因為工作出現了困難和危機，這些因素都會使人心力交瘁，喪失信心，不僅影響情緒，而且影響和周圍的人際交往。在處於情緒低潮時，請求別人能寄予關懷，伸出援助之手。最後，千萬記

住，不要把過度沮喪的情緒帶到別人面前。託人辦事兒，總是一副哭喪臉，會使人感到晦氣。

投其所好，滿足對方

電影《食神》裡有一段經典台詞，當周星馳飾演的主角在訓斥部屬的待客之道時，他說：「吸管要多粗有多粗，冰塊要多大有多大，一杯汽水一下喝完就會再買第二杯囉。」看似玩笑話的一段話，卻簡單道出了商場上的基本原則：需要別人幫忙，就要先滿足別人的某些需要。

《黑人文摘》（The Negro Digest）的創辦人約翰．強森（John H. Johnson），當初需要五百美元的資本來創辦雜誌，但對他這個在阿肯色州貧寒家庭長大的人來說，五百美元可是一筆非常可觀的數目。

為了實踐他的事業，他做了一件在那年頭前所未聞的事，前往芝加哥一家大銀行，要求貸款五百美元創辦生意。接見強森的人是襄理助理，他對強森大笑說：「我們不貸款給黑人。」

強森頓時怒火中燒，可是，他深知事成之前不能動怒，頭腦要冷靜、靈活，必須化戾氣為祥和。於是強森直視著這位助理，問道：「在這個鎮上有什麼機構能貸款給黑人呢？」

「我只知道有一家，」他望著強森，對強森產生新的興趣，「是市民貸款公司。」

強森問他在市民貸款公司裡有沒有熟人，他告訴強森一個名字。

「我可以說是你介紹我來的嗎？」

他對強森瞧了一會，然後說：「當然可以。」

市民貸款公司的銀行員說：「我們可以給你一筆貸款，但是必須有抵押品，譬如說房子或者其他你可用作擔保的資產。」

他沒有房子，可是母親買某件傢俱時他曾經幫過她。他要求母親讓他用傢俱作為抵押品。於是，他憑著母親的傢俱借來了五百美元，最後創辦了《黑人文摘》。而隨著這份雜誌創刊號而誕生的詹森出版公司，今天已發展成為兩億美元資產、世界上最大非裔美國人出版王國。

強森的成功秘訣很簡單，他很幸運，時間配合得好，又肯勤奮努力。同時，他也相信事情的發展必然有利於那些有膽識、肯苦幹而又有準備的人。

這樣的事如今還能做得到嗎？你還能以五百美元開始，建造一個資產總值兩億美元的王國嗎？機會正如同這個世界一樣廣大。不過，一開始就想發財是錯誤的。最好是把成功看作許多小步；每次你完成了一步，都會得到信心而繼續前進。

強森當初創業是怎樣採取他的步驟的呢？在他早年做推銷員的時候，他只要求那些可能成為顧客的人給他五分鐘時間。如果你能進得了門，說得有道理，對方很可能會讓你說完，哪怕要花一個鐘頭。如果他不感興趣，耽擱他五分鐘也就夠了。

不論強森對主顧能花多少時間，他的陳述永遠都根據三項屢試不爽的原則。

一、**投其所好**。你和你的顧客可能在許多問題上有不同的看法，但是你遊說他時你所要強調的，是你們的共同價值觀念、希望和抱負。

二、**攻其要害**。

三、**動其心弦**。有些事能夠打動任何一個人的心，使他答應你的要求。這種事也許與商業無關。它可能是一種夢想，一個希望，或是對一個人或一件事的承諾。

如果你想要別人滿足你的需要，把你的事情做好，那你必須先找出他需要的是什麼，以後使他在符合自己利益的情況下促進你的利益，先為對方設想，這就是原則。

建立關係，開通門路

經商處事講究人際關係，建立好人際關係網是成事的最大捷徑。在求人辦事時，還有一種靈活的「媒婆戰法」，那就是利用人的攀龍附鳳之心。當你身邊實在沒有合適的說客幫忙時，也可以從名人中拉一拉，借用一下他的地位和聲望，充當你與被求者溝通的媒介。

攀龍附鳳之心大部分世人都有，誰不希望有個聲名顯赫的朋友：一個明星，或者隨便什麼大人物？如果能躋身於他們的行列，自己便沾上了榮耀，在別人眼裡也就身價大增了。

創辦《黑人文摘》的強森，有一次就是用這個做法招來齊尼斯無線電公司（Zenith Radio Company）的廣告。當時齊尼斯公司的老闆麥克唐納（Eugene F. McDonald）是一個精明能幹的總經理。強森寫信給他，要求和他面談齊尼斯公司廣告在黑人社區中的利害關係，麥克唐納馬上回信說：「來函收悉，但不能與你見面，因為我不管廣告。」

強森並沒洩氣。在他一生中每次面臨關鍵性轉捩點的時刻，人們在開頭總對他說不行，強森不讓麥克唐納用那官腔式的回信來避開他，強森拒絕投降。

「好，他是公司的頭頭，但又不掌管廣告，他是幹什麼的？」強森想。答案再清楚不過：他管的是政策，相信也包括廣告政策。強森再次給他寫信，問問可否去見他，談一下關於在黑人社區所執行的廣告政策。

「你真是個不達目的誓不甘休的年輕人，我將接見你。但是，如果你要談在你的刊物上安排廣告的話，我就立即中止接

見。」他回信說。

於是就出現一個新問題。該談什麼呢？

強森翻閱《美國名人錄》，發現麥克唐納是一位冒險家，在極地探險家馬修．漢森（Matthew Henson）和羅伯特．皮瑞（Robert Peary）到達北極那次聞名的探險之後幾年，他也去過北極。漢森是個黑人，曾經將他的經驗寫成書。

這是個強森急需的機會。他讓出版社在紐約的編輯去找漢森，求他在一本他的書上親筆簽名，好送給麥克唐納。強森還想起漢森的事蹟是寫故事的好題材，於是從尚未出版的七月號《烏檀》（Ebony）月刊中抽掉一篇文章，以一篇簡介漢森的文章代替它。

強森剛步入麥克唐納的辦公室，他第一句話就說：「看見那邊那雙雪鞋沒有？那是漢森給我的。我把他當作朋友。你熟悉他寫的那本書嗎？」

「熟悉。剛好我這兒有一本。他還特地在書上為你簽了名。」

麥克唐納翻閱那本書，接著，他帶著挑戰的口吻說：「你出版了一份黑人雜誌。依我看，這份雜誌上應該有一篇介紹像漢森這樣人物的文章。」

強森表示同意他的意見，並將一本七月號的雜誌遞給他。他翻閱那本雜誌，並點頭贊許。強森告訴他說，創辦這份雜誌就是為了弘揚像漢森那樣，克服重重困難而達到最高理想的人的成就。

最後，他說：「你知道，我看不出我們有什麼理由不在這份雜誌上刊登廣告。」

關係是一種感情的凝聚和利益的融通。有了關係也就有了門路，有了利益，有了各種隨時可以兌現的希望。所以，不但尋常人重關係，達官顯貴也重關係；不但一般職員重關係，高階人員更重關係。一旦哪一個環節的關係打結了，出了問題，便很可能會影響到他的切身利益甚至仕途前程。有了好的關係，正話可能被反說，反話可能被正解，黑白可能被顛倒，是非可能被混淆，儘管這樣做老大不合理，但它卻非常合乎一個「情」字，因為合乎了「情」也就合乎了「關係」，為了關係，人間絕大部分事兒差不多都可以辦到。所以，聰明的人切不必迷信純粹的「真」和純粹的「好」，這世間萬物及其關係是從來不是為「是」與「非」和「對」與「錯」預備的——也就是說，並不是只要是對的，就一定得到保全和愛護，而只要是錯的，就一定被人排斥和否定。複雜的社會生活有時使這兩種情況相反，壞事反而被辦成了，好事反而被拒絕了——那麼，怎樣來理解這種觀念呢？答案很簡單：關係使然。

運用關係，達成目的

要想成事，有時必須靠關係，因為「有關係，沒關係」。然而想與高層攀附關係，應該注意的問題也有很多。

一、**攀附關係要了解和掌握高層的背景和社會關係網**。任何一位高層都有自己的人情關係網。這個「網」的形成與他的背景和人生經歷有直接的關係。要想與他攀附關係，必須先暗地裡多留心和注意他的背景和社會關係網，包括他的同鄉關係、親屬關係、朋友關係、同學關係、上下級關係等等，掌握了這些關係之後，鑒於直接與某上司建立關係多有不便，則可曲線救國，別闢蹊徑，設法同一兩位與這位上司關係甚篤的人建立關係，這樣，在必要時，便可以借助這些關係的力量拿住上司的面子，使上司礙於某些關係的面子不好拒絕，不能拒絕，不

便拒絕。因此，要想建立關係，請人幫忙，有時只能從這個「網」中來找到突破口，以間接託人的方式來達成目的。以下列舉：

- **託對方的配偶**。社會是十分複雜的，你通過一段時間的工作可能未能與對方建立成較密切的關係，可是因為特殊的機緣，你卻同他（她）的配偶較熟悉。在這種情況下，為了把事情辦成，你可以選擇他（她）的配偶作為突破口，或許因曲徑通幽，反而別有洞天，效果可能更好。

- **託對方的長輩或晚輩**。大多數上司都是上有父母下有子女的全福之人。對父母的尊重和對子女的疼愛是人之常情，有鑒於此，他們可能很重視父母和子女們說的事，有時即便是一件不甚容易的事，他們也不好推託和拒絕。所以，如果與對方關係較遠或因某種原因見不到他（她），就不妨試著去找他（她）的父母或子女，設法讓他們從中串通幫忙，親情的作用有時也是不可估量的。

●**託對方的朋友**。人人都有朋友，而朋友又有疏密厚薄之別。對方的朋友當然也是如此。要想辦成事，必須找與上司過從甚密、情深意篤的朋友出面，方能收到奇效。「朋友」二字含著情份、面子、名聲等許多值得珍貴的東西，設法託到上司的朋友出面，上司肯定會重視的，也肯定會盡力的。

●**找對方的主管**。對方既然行走在仕途上，吃衙門口的飯，自然會更加重視上下級關係了。如果一件事兒找到上司不予辦理，可能有兩種情況：一是對方對你無成見，無矛盾，只是因為有所顧忌或有所出格而不好辦或不便辦；一是對方與你有成見有矛盾，為了難為你或特意給你刁難，雖然事情該辦就是偏偏頂著不辦——在這種情況下，找他的上司也許是一種行得通的途徑。如果是前一種原因，事情可辦可不辦或有所出格不該辦，那麼，他的上司出面說說情，他多半會給面子的。若是後一種原因，讓他的上司說說情恐怕未必能收到成效，有時

難免讓他的上司出面進行工作干預，以一種強硬的態度讓他把事情給擺平。用這種方法，事情雖然辦成了，卻把對方過分得罪了。所以，在找對方的上司出面干預前，一定要「三思而後行」。

- **利用邊緣人物，疏通對方關節**。要想辦成事兒或儘快辦成事兒，最好針對關鍵人物下功夫，突破關鍵人物這道關卡，謀求關鍵人物的贊同和協助，問題往往很容易得到解決。但是有的事，關鍵人物不好找，也可以找關鍵人物切近的邊緣人物。因此，要想在解決問題過程中穩操勝券，除了著眼於主管、領導一類正式組織身份的負責人外，還應該爭取足以影響主管的非正式的「權威人物」的同情、支持和幫助。通過當事人或上級主管人的親友故舊，來說服當事人，成功的可能性大得多。因為有時候，即使是主管和具體辦事人員同意解決的問題，也會由於下屬某一環節作梗而擱置下來。負責這一環節的人不論職位大小，也就變成了解決問題所必須疏通的「關鍵人物」。這時候你切不可因他無權無職，就以為可以隨便應付，否則你的好事就可能壞在他的手中。因此，切不可掉以輕心地對待你身邊老態龍鍾的老太太，玩彈珠打水槍的「小皇帝」，或風韻猶存的半老徐娘……這些人不顯山，不露水，但他們都有可能是你走向求人成功的墊腳石，一定要時刻保持高度的警惕，抓住每一個可能發揮作用的人物。俗話說，託人辦事，不能「一棵樹上吊死」。盯死主要目標，全力以赴，固然很重要；但是對於目標周圍的那些「邊緣人物」，也要多多花費心思，有時甚至能起到意想不到的作用。他們就像一條條地道，可以順利地把你送到成功的彼岸。

- **利用「枕邊風」施加影響**。幽默大師林語堂斷言：中國一向就是女權社會，女人總是在暗地裡對男人施加影響，左右著男人的心理情緒和處事態度，無形中便決定了事態的發展。一些老謀深算者深諳此道，找人辦事，利用女人做些文章，結果事半功倍。

二、**攀附關係要委婉自然。**攀附關係不是生拉硬套，本來沒有親戚關係，偏偏七拐八繞，硬說有親戚關係；或者本來與上司的某位朋友無甚關聯，偏偏鼓吹自己與人家情深義重，如此這般，很容易引起上司的厭惡和鄙視。所以，與上司拉關係，要循循善誘，順理成章，委婉自然，讓上司感受到雖是不經意地提起，卻一語中的，牽動著上司的舊情，甚至讓上司陷於對舊情舊事的沉緬中。如果能把與上司的關係攀附到這份兒上，那麼還何愁上司對你託辦的事情袖手旁觀呢？

三、**攀附關係要講究場合。**在眾目睽睽之下是不便與上司攀附關係的，因為絕大多數上司是不情願公開自己的背景和社會關係的。非但如此，上司本人還會顧忌你多事和多情，而旁觀者更認為你是有意巴結上司。所以，在公開場合攀附關係不但對上司有礙，也對自己有失。與上司拉關係最好是在背後與上司扯家常、閒嗑牙的時候，或者在酒桌上小酌、在茶水間喝咖啡的時候，在類似這樣的時間和場合裡與上司套關係最容易切中上司的心意，最容易令上司買帳。

四、攀附關係要講手段。作為上司居高臨下，下邊常有溜鬚拍馬、曲意逢迎的人時刻尋找巴結上司的機會，因而與上司攀附關係也存在著一種畸型的競爭關係。那麼，怎樣在這種不可告人的競爭中取勝呢？有經驗的人告訴我們，必要時可以使用一些手段，因為任何一位上司都自覺或不自覺地處在錯綜複雜的社會矛盾中，這矛盾有的是對他有利的，有的是對他有害的；有的是他自己一目瞭然的，有的是他無從覺察的，那麼，你為了攀附於他，就應該認真關注這些矛盾的風吹草動，一旦有什麼特殊情況或特殊機遇，便可通過暗示、協調或委婉干預等手段隨即成為上司的心腹之人，即成其心腹了，還何愁有事兒不幫助辦呢？

所以，只要在攀附關係上下了功夫，就一定能在上司那裡收穫一些感情，憑藉這種攀附出來的感情，也確實不失為一種追求成功的方法。

找出漏洞，迎頭痛擊

設法鑽對方的漏洞，利用對方的缺陷或短處來打擊對方，是商場上很常見的手段，尤其在自己處於不利的情況下，更要想方法使自己擺脫困境，化不利為有利。

某中國出口公司與港商成交一批商品，以價值三十一萬餘美元賣斷，再由其轉口西非。雙方簽訂合約中的包裝條款訂明：均以三夾板箱盛放，每箱淨重十公斤，兩箱一捆，外套麻包。

該港商如期通過中國銀行香港分行於二月六日開出不可撤銷跟單信用狀。出口公司審證發現信用狀的包裝條款與合約有出入，信用狀的包裝條款為：均以三夾板箱盛放，每箱淨重十公斤，兩箱一捆。沒有要求箱外加套麻包。鑒於信用狀收匯方式應遵循與信用狀嚴格相符的原則，該公司決定貨物包裝以信用狀條款為據辦理，即只裝箱打捆，不加套麻包。一切有關單據都按信用狀的條款及實際情況繕制。該批貨物共五千捆（一萬箱），於三月十五日裝上海輪運往香港。出口公司持全套單據交中國銀行上海分行辦理收匯，中國銀行上海分行審核後未提出任何異議，因信用狀付款期限為提單後六十天，不做押匯，全套單據由中國銀行寄開證行，整個過程並無異常。

貨物出運後的第八天，香港客戶致電中國出口公司聲稱：「茲告發現所有貨物未套麻包，我們的買戶不會接受此種包裝的貨物，請告知你們所願採取的措施。」

中國出口公司次日覆電：「有關貨物，系根據你信用狀規定的包裝條款包裝，條文如下：『均以三夾板箱盛放，每箱淨重十

公斤，兩箱一捆』，根據上述規定，我方包裝未套痲包。鑒此，我方不能承擔任何責任。」

香港客戶當天立即再來電拒絕答復，並提出索賠：「我方亦可考慮在香港打包，但每捆須支付三十至三十五港幣，尚不包括每箱七港幣的倉儲費，請最遲於明天同意這些費用由你們承擔，因這些貨物支配權仍屬你們，並由你們承擔風險。」

次日，即三月二十五日，香港客戶又去電，除重申信用狀包裝條款外，還指出信用狀訂有：「其他均按銷售確認書SG623號」，並聲稱：「因此，你們應按照合約及信用狀詳細規定辦。因合約和信用狀都詳細規定了包裝條款。我們堅持貨物的風險由你們承擔，要求你們確認承擔所有重新打包的費用。」該電結尾中，還進而表示了退貨的主張。顯然，香港客戶利用其提單後六十天遠期付款的有利地位脅迫中方進出品公司接受其賠償要求。

按港商開列的費用清單結算，約折合兩萬餘美元。出口公司認為客戶的要求，不僅費用損失較大，而且於情於理不合，因此於三月二十六日，再次電告香港客戶：「經查核，過去你多次來證均按合約規定在信用狀內列明具體包裝條款，而這次你規定：『均以三夾板箱盛放，每箱淨重十公斤，兩箱一捆』，但未注明『外套麻包』。我們理解為你對該包裝有特殊要求，故完全按你信用狀規定辦理。至於你上述信用狀內載明，其他詳情均按銷售確認書SG623號辦。因你信用狀已詳細列明包裝條款，故該『其他』字樣，只能理解為其他交易條款，而不包括包裝條款。據此，我完全按你來證要求辦理。對你上述電傳提出的要求難考慮」。

該電抓住了「OTHER」一詞不放，使香港客戶也感到自己有

欠缺。沉默了一周後，直到四月三日才來電稱：「我已通知我方銀行，單據與信用狀不符。」該批單據在中國某出口公司於三月十七日交單後，議付銀行並無異議，開證行也沒有提出任何與信用狀不符點。而且，從信用狀業務的特性來說，開證行負第一性付款責任。因此，若出現單據與信用狀不相符合的情況，理應由開證銀行提出。而現在港客戶從開證申請人身份，竟然在開證行沒有指出任何與信用狀不符的情況下，違背信用狀業務的處理慣例，來電中提到「已通知銀行單據不符，止付貨款」，這是很不正常的。這一方面反映了香港客戶的不滿情緒，另一方面也暴露了香港客戶的「理屈詞窮」。

中國出口公司接到上述電文後，迅即複電，說明單證完全相符，要其如期履行付款。

四月八日香港客戶來電稱：「重新包裝的材料人工費十一萬

港幣，倉租與搬運費六萬餘元，誠如你們所知，我們所獲得的薄利極有限，因此我們沒有道理再全部承擔此項額外開支。請確認你方將承擔該費用。」

顯然香港客戶在電文中採取了協商的口氣，態度已軟化。據此，並考慮到賣價中也包含了麻包的因素，出口公司因勢利導，與香港客戶進行了友好的協商。在香港客戶最終實際支付材料等費用三萬五千美元的基礎上，由出口公司貼補費用一萬四千美元，順利地了結了此案。

中國出口公司之所以未承擔全部包裝費倉儲費，關鍵在於抓住了對方信用狀這一明白無誤的證據，作為不套麻包的依據，使對方提出的索賠計畫未能全部落實。

借刀殺人之計用於商業談判，實質上就是借手於自己以外的人、事、

物，藉此達到自己的目的。一切談判高手總是善於利用一切可以利用的機會與條件：借用社會力量（社會公眾輿論等）給對方施加壓力；借助法律條文或財經制度規定等駁斥對方的無理要求，維護自己的正當利益；借助他人之言，與對方進一步討價還價，實現談判成功的最終目的。

從上述的交手過程中，一方面我們看到出口公司如何找出對手的漏洞，藉此鞏固自己的立場；另一方面，我們也看到港商是如何面對危機的發生，倘若港商在這種情況下，仍堅持由出口商支付一切額外費用，最後很可能就會落得虧損自負的下場。俗話說：「識時務者為俊傑。」當自己理虧被人抓住不放時，惟一的良策應該就是趕緊撤退，減少損失，而不是同對方據理力爭，因為根本無理可爭。

這就是電影《嚦咕嚦咕新年財》裡，劉德華主演的角色在麻將牌桌上所說出的道理：爛牌有爛牌的打法，越爛的牌越要用心打，要想著怎樣才能輸得最少。

輸中找贏，捨小成大

輸贏有時是銅板的兩面，贏即是輸，輸即是贏，始終和恩怨相連。在人與人之間，有時應該多輸少贏，以免無端生是非，如能用「輸」去「贏」，人生就更加美好。

郭先生是中小企業的負責人，和客戶來往有自己特別的一套。郭先生酒量不錯，也很會猜拳，可是每次和客戶應酬，他都謹守著「與其自己喝醉，不如被灌醉」，以及猜拳時「輸三拳，輸兩拳，全輸最好」的原則。郭先生也會打麻將，可是他都「能輸儘量輸」。每回應酬，客戶們都很「高興」。

事後談生意，客戶們大都能按郭先生的條件成交，而每回談

生意時，郭先生都會提及「那一天被你灌得好慘」或「你的拳路實在很難抓」，或者「那天打麻將，真不知怎麼搞的，手氣就是不順」。

郭先生對人性的掌握相當準確，並將之表現在喝酒和打麻將上；雖然「辛苦」，但卻也有相對的代價，只要不弄壞身體，這代價是相當值得的。

郭先生掌握的便是人性的「好勝心」。

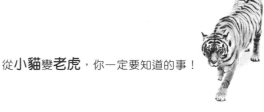

「好勝心」有屬於「自我挑戰」的好勝心，也有意欲贏別人的好勝心；自我挑戰的好勝心不是郭先生所掌握的重點，他掌握的是人人都有，意欲贏過別人的好勝心。

意欲贏過別人的好勝心，表現因各人條件的不同有很多種方式，有人靠事業來贏過別人，有人靠頭銜、社會地位來贏過別人，有人靠名牌衣服、寵物……來「贏」過別人，只要比別人的「好」，有了這種夢幻的「勝利感」便忘了他在其他方面其實是「輸」別人的。但也有人就是因為其他方面「輸」別人，因此越加重視、誇耀他某方面「贏」過別人，產生非常明顯的心理補償作用，因此在某方面「贏」過別人，這是一種油然興起的「滿足感」。人的欲望獲得滿足，內在少了壓力，對其他事情的要求尺度便會鬆一些，標準便會低一些，甚至也有因此失去自衛警覺的人。

郭先生對待客戶的方式也是如此，他讓別人「贏」，尤其是讓喜歡贏的人贏，連無意贏的人也讓他「贏」。他讓別人因為「贏」而有滿足感、勝利感，也讓自己的「輸」來造成別人的「虧欠感」，這一方面讓贏的人鬆懈警覺，一方面喚起贏的人彌補虧欠的意識，也就是「昨天把人家贏得那麼慘，今天再跟人家斤斤計較便不好意思了」的心理。總而言之，贏的人面對手下「敗將」，便自然往「讓步」的那個方向思考；對贏的人來說，這讓步也有「恩典」的意味，而這其實就是「輸」的人想要的。

所以，到底誰輸誰贏，有時候是很難講的。

有人老是近視短利，結果失去了永遠的利益，真正精明的人是寧吃眼前虧，而換來人生的大勝利。塞翁失馬焉知非福，說得正是這個道理，有時捨小利反而是投資，因為巨大的利益往往都是從捨小利開始創造的。

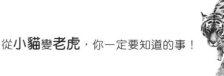

《老子》中說：「名與身孰親？身與貨孰多？得與失孰病？是故甚愛必大費，多藏必厚亡。故知足不辱，知止不殆，可以長久。」是講人的一生之中，名譽、名聲和生命到底哪個更重要呢？自身與財物相比，何者是第一位呢？得到名利地位與喪失生命相衡量起來，哪一個是真正的得到，哪一個又是真正的喪失呢？所以說，過分追求名利地位就會付出很大的代價，擁有龐大的貯藏，一旦生變則必然是巨大的損失。對於追求名利地位這些東西，要適可而止，否則可能就會受到屈辱，喪失你一生中最為寶貴的東西。

老子的話極具辯證法思想，告訴我們應該站在一個什麼樣的立場上看得失的問題。也許一個人可以做到虛懷若谷，大智若愚，但是事事吃虧，總覺得自己在遭受損失，漸漸地就會心理不平衡，於是就會計較自己的得失，再也不肯忍氣吞聲地吃虧，一定要分辯個明明白白，結果朋友、同事之間是非不斷，自己也惹得一身閒氣，而所想到的也照樣沒有得到，這是失的多還是得的多呢？

春秋戰國時期的宓子賤，是孔子的弟子，魯國人。有一次齊國進攻魯國，戰火迅速向魯國單父地區推進，而此時宓子賤正在做單父宰。當時也正值麥收季節，大片的麥子已經成熟了，不久就能夠收割入庫了，可是戰爭一來，這眼看到手的糧食就會讓齊國搶走。當地一些父老向宓子賤提出建議，說：「麥子馬上就熟了，應該趕在齊國軍隊到來之前，讓咱們這裡的老百姓去搶收，不管是誰種的，誰搶收了就歸誰所有，肥水不流外人田。」另一

個也認為：「是啊，這樣把糧食打下來，可以增加我們魯國的糧食，而齊國的軍隊也搶不走麥子作軍糧，他們沒有糧食，自然也堅持不了多久。」儘管鄉中父老再三請求，宓子賤堅決不同意這種做法，過了一些日子，齊軍一來，把單父地區的小麥一搶而空。

為了這件事，許多父老埋怨宓子賤，魯國的大貴族季孫氏也非常憤怒，派使臣向宓子賤興師問罪。宓子賤說：「今天沒有麥子，明年我們可以再種。如果官府這次發佈告令，讓人們去搶收麥子，那些不種麥子的人則可能不勞而獲，得到不少好處，單父的百姓也許能搶回來一些麥子，但是那些趁火打劫的人以後便會年年期盼敵國的入侵，民風也會變得越來越敗壞，不是嗎？其實單父一年的小麥產量，對魯國強弱的影響微乎其微，魯國不會因為得到單父的麥子就強大起來，也不會因為失去單父這一年的小麥而衰弱下去。但是如果讓單父的老百姓，以至於魯國的老百姓都存了這種借敵國入侵就能獲取意外財物的心理，這是危害我們魯國的大敵，這種僥倖獲利的心理難以整治，那才是我們幾代人的大損失呀！」

宓子賤自有他的得失觀，他之所以拒絕父老的勸諫，讓入侵魯國的齊軍搶走了麥子，是認為失掉的是有形的、有限的那一點點糧食，而讓民眾存有僥倖得財得利的心理才是無形的、無限的、長久的損失。得與失應該如何舍取，宓子賤作出了正確的選擇。要忍一時的失，才能有長久的得，要能忍小失，才能有大的收穫。

《老子》中說：「禍往往與福同在，福中往往就潛伏著禍。」得到了不一定就是好事，失去了也不見得是件壞事。正確看待個人得失，不患得患失，才能真正有所得。人不應該為表面的得到而沾沾自喜，認識人，認

識事物，都應該認識他的根本。得也應該得到真的東西，不要為虛假的東西所迷惑。失去固然可惜，但也要看失去的是什麼，如果是自身的缺點、問題，這樣的失又有什麼值得婉惜的呢？

雙簧合謀，軟硬夾殺

雙簧，曲藝的一種，一人表演動作，一人藏在背後或說或唱，互相配合，常常比喻一方出面，一方背後操縱的活動。這種方法也常常運用到舌戰之中。作為說服的一種謀略，由兩個或兩個以上的人，一個扮黑臉，一個扮白臉，互相配合，互相借力，以此來說服對方。不過，黑臉也好，白臉也好，都要演的真，扮的像，否則讓對方看出破綻，一點用也沒了，而且還要找對對象或把握好時機，讓對方在不知不覺中鑽入圈套。

雙簧謀略往往是精心安排的「一台戲」，事先經過籌畫，再分角色「演唱」。攻心時，一個使硬的，一個來軟的；一個在動情上下功夫，一個在言理上下功夫；一個正面出擊，一個旁敲側擊；一個強攻，一個軟磨；對方在黑白臉的夾攻之下，其防線會全面崩潰。

某校訓導主任朱老師曾與派出所的吳警官一起用這種辦法來挽救一名迷失的少年。張同學是朱老師的學生，他鄰居的自行車和手錶遭竊，經檢舉懷疑是張同學偷的。派出所的吳警官身穿警服，十分嚴肅，問：

「叫什麼名字？昨天下午三點五十分上哪兒去了？為什麼不上課？」

又對他說：「我們已經掌握了情況，之所以還來找你，主要是給你一個機會。看看那些被嚴懲的例子，他們不僅僅犯罪，態度更是惡劣，所以必須嚴懲。」

最後對張同學說：「今天在辦公室先考慮一個上午，下午我們找你。」

吳警官走後，朱老師馬上找張同學談心：「你看，派出所的吳警官為什麼要到學校找你？這是為了幫助你啊！你父母離婚，媽媽為了養你，晚上還要去工廠上夜班，你這樣做，對得起你媽媽？現在別急於把你做的壞事告訴我，先仔細想想，想通了，想明白了，再告訴我。我並不是要抓你的把柄。要想人不知，除非己莫為。我現在要的是你的真心，要真正地改過自新。如果要抓你，就不這樣與你談了。我有五十多個學生，在你身上下了那麼多功夫，為了什麼？是要你真正改正錯誤，你可以對不起我，但不能對不起生你、養你、為你吃盡苦頭的媽媽。」

朱老師的一席話，使張同學感動得熱淚盈眶。

張同學終於交代了偷竊自行車、手錶的事，並表示要改過自新，重新做人。

朱老師和派出所的吳警官從不同面向張同學展開攻心戰。派出所吳警官身著警服，義正辭嚴，顯示了法律的嚴肅性和不可阻擋的威懾力。朱老師的一番話側重感情，從師生情，母子情，展開攻心，這樣一軟一硬，恩威並施，終於攻破了少年的心理防線。

黑臉白臉以不同角色同時做一個人的思想工作，這兩種角色的互相配合，具有雙重的綜合教育功能。沒有黑臉，感情和道理缺乏制約力；缺少白臉，則缺少情感因素的理智因素。如果黑臉白臉巧妙配合，才能產生巨大的說服力。

黑臉白臉在經濟談判中也很有作用，而且往往會收到好的效果。

黑臉白臉策略，往往先由唱黑臉的人登場，他傲慢無禮，苛刻無比，強硬僵死，讓對手產生極大的反感。然後，唱白臉的人跟著出場，以合情合理的態度對待談判對手，並巧妙地暗示，若談判陷入僵局，那位「壞人」會再度登場。在這種情況下，談判對手一方面由於不願與那位「壞人」再度交手，另一方面迷惑於「好人」的禮遇，而答應「好人」提出的要求。

施加壓力，取得對等

黑臉白臉策略其實就是一種施壓的方式，在強弱之間取得一種張力，藉此來破壞對方的心理防禦。在商場上，如果不給對手壓力，對手就會以為你好欺負，結果你失去的不僅是主導權，還有雙方對等談判的立足點與發言權。

平等互利、信守合約是阿拉伯商人與外國商人合作的原則。隨著中東石油的大發現，大量的外國商人迅速湧入阿拉伯國家，於是怎樣和外國商人友好合作就成了困擾阿拉伯商人的難題。

卡達大商人達維希就是阿拉伯商人的代表，他在與合作夥伴相處時表現出來的自尊和機智令人折服。儘管當時卡達還十分貧

困，但他從未在傲氣十足的西方商人面前表現出奴顏婢膝的態度。他與合作夥伴們平等相處，並以卓越的辦事才華征服了西方商人。

其實，儘管西方商人覺得達維希不像一般商人那樣「聽話」，但由於他在阿拉伯商界很有威望，所以有事還得請他幫忙。在西方商人投資興建一座油田時，由於面臨「水荒」差點停工，他就從巴林運來了淡水，以比石油貴的價格賣給西方石油公司。對手儘管心存不滿，也不得不「先喝水要緊」。

在原則問題上，達維希做事從不讓步。五零年代，他簡直成了政府的「石油大臣」，與西方公司的所有事務由他一手操辦。他曾與卡達石油公司談判，要求以利潤平分取代以往不平等的石油開採銷售制度。一位卡達石油公司的負責人說：「他的工作似乎就是日復一日地向我們施壓，從我們身上摳錢。有一天，他忽然提出要求，要我們在一座港灣上建設檢疫設施。我們愣了好久都沒能弄明白這是怎麼一回事，結果他拿出了雙方簽訂的合約，指出我們必須按合約要求修建檢疫設施，並且永久性支付費用。我們自然不同意，談判進行了近一個月，我們不得不讓步，許多事就是這樣了結的。」達維希的原則是始終與對手保持適度緊張狀態。他總是站在民族的立場上，精打細算，謹慎審核，絕不會讓對手佔便宜。

許多人歷來講究和氣生財，因此在合作時常常一團和氣或無原則的讓步。其實，既然雙方是合作夥伴，就應該平等互利，產生矛盾後雙方應本著互諒互讓的態度去解決，一味地同對方讓步，合作很難成功。因此，在合作的開始，雙方都不應礙於情面而相互謙讓，最好的辦法是醜話講在前頭，一旦矛盾強化到忍無可忍時，那就悔之晚矣。合作過程中，也應該像

阿拉伯商人一樣，敢於給對手挑刺，只有解決了一個個小矛盾，才可能避免發生大衝突。

借力使力，將計就計

在商業競爭中，順勢法是一種重要的方法，其外在表現也有各式各樣，其中借力使力，將計就計就是一種常用的方式。

自本世紀六零年代到七零年代，IBM公司一直控制著商用電腦的國際市場。面對這種局勢，日本通商產業省曾大聲疾呼，要求日本在半導體電腦領域趕上和超越美國。但是，日本電腦公司覺得，與美國一些公司競爭並不是輕而易舉的事。

經過一番苦思後，日本一些企業家動了歪腦筋，他們覺得，如果能夠事先通過某種手段取得IBM公司的新機種資料的話，這樣就可以大大縮短和美國的差距，於是，日本的一些商業間諜開始活動。

一九八〇年十一月，日立（Hitachi）公司通過商業間諜，從IBM公司一個名叫雷蒙．凱迪特（Raymond Cadet）的職員那裡，拿到了該公司新一代308X系列電腦的機密設計資料。這是一套具有重要價值的資料，一共二十七冊。然而，這一次日立公司只弄到了十冊。為了拿到另外的十七冊，日立公司繼續採取行動：由日立公司高級工程師林賢治出面，向與日立公司有業務往來的馬克斯維爾．佩里（Maxwell Paley）發去一份電報，請佩里設法搞到其餘的十七冊資料。

佩里曾經在IBM公司工作了二十三年，辭職前曾擔任公司先進電子電腦系統實驗室主任。他深知新機種資料的價值，同時也明確知道自己與公司的關係。因此，當他接到日立公司的電報後，立即將此事告訴了IBM公司。負責公司安全保衛工作的理查．卡拉漢（Richard A. Callahan）在美國聯邦調查局任過職，他聽了佩里的敘述後，決定將計就計，讓佩里充當雙重間諜的角色，主動接近日立公司的林賢治，摸清情況，掌握日立公司的證據。同時，在聯邦調查局的參與下，還採取了誘捕的方法：由IBM公司放出消息，有兩名接觸機密硬體、軟體、手冊等方面東西的高級職員即將退休，誘使日立公司向這兩名職員弄資料。

果然，日立公司上鉤了。了一九八二年六月，聯邦調查局逮捕了日立公司前去拿情報資料的職員。日立公司竊取IBM公司情報的證據確立，共六名日本人遭到起訴。一九八三年三月，舊金山法院判處日立公司林賢治一萬美元罰款，緩刑五年；參與此案的大西勇夫被罰款四千美元，緩刑兩年，並追回了竊取的全部資料。

日立公司以間諜計竊取機要，而IBM公司卻用反間計，以其人之道還治其人之身的，結果使日立公司以慘敗告終，足見IBM公司計高一籌。以其人之道還治其人之身的謀略，就是在對敵手的謀略有了充分認識和了解的基礎上，佯順其意，在對手的計上用計，使對手墜入圈套，這是此謀略的關鍵核心。

借助他人、利用對方的計策達到自己的目的，這就是借力使力，將計就計法則。由此可見，借他人完成自己所要辦的事情，既是辦事的具體表現，又是順勢辦事的一種方式，運用這種方式才能使他人自然而然的為自己辦事。

翻臉不認，終結關係

對不知感恩的人，唯一的辦法就是停止給他好處，否則他將成為你的負擔。

梁先生在一間出版社工作，朋友介紹一家印刷廠給他，梁先生因為初入此行，印刷廠都不熟，因此就和姓陳的印刷廠老闆合作。

為了減少聯繫上的麻煩，梁先生把印刷、訂紙、分色、製版、裝釘等所有工作都交給陳先生包辦。

事實上，陳先生的印刷廠只有印刷一項業務，其餘部分都要轉包出去。當然，陳先生也不會做白工，轉手之間，他還是賺了

兩成左右的差價。

幾年過後，梁先生才發現他因為怕麻煩而多花了很多錢，同時也因為出版社的經營已上軌道，人員也增加了，於是把給陳老闆的業務，除了印刷之外，全部收回自行發落。

誰知陳老闆勃然大怒，說梁先生沒有「道義」，梁先生向朋友抱怨：「要給誰做是我的權利，難道我這樣子做錯了嗎？」後來他就不再和陳老闆合作了。

梁先生當然沒有錯，不過如果他對人性有進一步的了解，就不會向朋友抱怨了。

類似的故事並不罕見，只是「劇情」稍有不同而已。碰到這樣的事雖然很無可奈何，但從人性的角度來看，仍有值得討論之處。

第一，陳老闆賺取轉手的差價雖然合情合理，但梁先生停止和他某部分的合作卻與「道義」無涉，買賣本來就是「合則來，不合則去」。問題是，陳老闆把轉手的差價當成「理所當然」的利益，梁先生不再和他合作，他因此而產生利益被剝奪感，本來可賺一萬現在只剩下五千，心裡無法適應這種失落，於是便起反感了。不過人總是這樣，你給他好處，久了他便認為你給他好處是應該的，一旦不再給，便認為你失去「誠信」，沒有「道義」了。曾有一行政機關首長發現這樣的事：前任首長違反規定，挪用一筆鉅款做為手下的變相「津貼」，新首長上任後，發現此事不妥，便予以停發，怎知手下反應激烈，不動心者很少，「得而復失」又不動氣的更少，這也就是商界「停止合作」也跟著「停止友情」的原因。面對這樣的人性反應，若事先有所了解，就不會慨歎人心不古了。

第二，梁先生終止和陳先生的合作基本上是正確的決定，因為兩人有了不愉快，站在梁先生的立場，大可不必太勉強自己。倒是陳老闆應自我反省——賺取外包部分的差價是「多出來」的，印刷方面的利潤才是他

「理所應得」，面對梁先生的新決定，他應感謝梁先生，並表示願意繼續提供更好的服務才是，結果他不做此想，反而以詆毀來回應梁先生的動作，導致連印刷的生意也飛了。因此我們可以了解一件事，面對握有權力的一方時，「理未應得」的利益是不宜以激烈手段爭取的，因為師出無名，理不直氣不壯，也得不到其他人的支持，若堅持激烈手段，必敗無疑；而且不但爭不回多出來的好處，連原有的好處也會失去，因為對方有權力。事實上，陳老闆要保住印刷部分的生意也是很難的，因為他的「轉手利潤」讓梁先生有「受騙感」，唯有停止一切合作才能彌補他自尊受到的挫傷；對陳老闆來說，也只能儘量以低姿態來「撫慰」梁先生的自尊，或許這樣還有一點效用。

梁先生和陳老闆兩人「翻臉」是一種遺憾，但做生意事關企業生命，該「翻臉」還是要「翻臉」，你不「翻臉」，別人還笑你傻瓜。倒是平常與人相處，對於「好處」的給予要多所講究，否則反而會對人際關係造成傷害，這一點和做生意「翻臉」的「利害」是不大相同的。

也許人都怕跟朋友翻臉，但在翻臉前不訪想一想，朋友對你是否是真心，若不是，那他都不怕背臉做人，你又何必怕翻臉。

擁抱敵人，釋放煙霧

翻臉是對著合作的朋友，但對著敵人，有時我們卻得反過來擁抱他們。這是一種主動的動作，可迷惑對方，也可迷惑第三者。當然，在擁抱的時候還可以來一些第三者看不出來的小動作，讓你的敵人受了罪還下不了台。這才叫高明。

人和動物有些方面是不同的，動物的所有行為都依其本性而發，屬於自然的反應；但人不同，經過思考，人可以依當時需要，做出各種不同的行為選擇，例如——當眾擁抱你的敵人。

「當眾擁抱你的敵人」，這是件很難做到的事，因為絕大部份人看到「敵人」都會有滅之而後快的衝動，若環境不允許或沒有能力消滅對方，至少也會保持一種冷淡的態度，或說說讓對方不舒服的嘲諷話，可見要擁抱敵人是多麼難。

就因為難，所以人的成就才有高下大小，也就是說，能當眾擁抱敵人的人，他的成就往往比不能擁抱敵人的人高大。

能當眾擁抱敵人的人，是站在主動的地位，採取主動的人是「制人而不受制於人」，你採取主動，不只迷惑了對方，使對方搞不清你對他的態度，也迷惑三者，搞不清楚你和對方到底是敵是友，甚至都有誤認你們已「化敵為友」的可能；可是，是敵是友，只有你心裡才明白。你的主動，使對方處於「接招」、「應戰」的被動態勢，如果對方不能「擁抱」你，那麼他將得到一個「格局太小」之類的評語，一經比較，兩人的份量立判，所以當眾擁抱你的敵人，除了可在某種程度之內降低對方對你的敵意之外，也可避免惡化你對敵方的敵意。換句話說，在為敵為友之間留下了條灰色地帶，免得敵意鮮明，反而阻擋了自己的去路與退路；地球是圓的，天涯無處不相逢。

此外，你的擁抱動作，也將使對方失去再對你攻擊的立場，若他不理你的擁抱而依舊攻擊你，那麼他必招致他人的譴責。

而最重要的是，當眾擁抱敵人這個動作一旦做了出來，久了會成為習慣，讓你和人相處時，能容天下人、天下物，出入無礙，進退自如，這正是成就大事業的本錢。

所以，競技場上比賽開始前，兩人都要握手敬禮或擁抱，比賽後再來一次，這是最常見的當眾擁抱敵人。另外，政治人物也習慣這麼做，明明是痛恨的政敵，見了面仍然要握手寒暄。

事實上，要當眾擁抱你的敵人並不如想像中之難，只要你能克服心理障礙，你可以這麼做：

——在肢體上擁抱你的敵人，例如擁抱、握手。尤其是握手，這是較普遍的社交動作，你伸出手來，對方好意思縮手嗎？

——在言語上擁抱你的敵人，例如公開稱讚對方、關心對方，表示你的「誠懇」，但切忌過火，否則會造成反效果。

為什麼強調「當眾」呢？做給別人看嘛，如果私下「擁抱」，那不是雙方言歸於好，就是你向對方投降。「當眾」擁抱，表面上不把對方當「敵人」，但心底怎麼想，誰管得著呢？

信守承諾，承諾是金

商場如戰場，雖然場上爾虞我詐，但「世事洞明皆學問，人情練達即文章。」為人處世雖然複雜，需要察顏觀色，見機行事，靈活多變，但萬變不離其宗，做人的最根本便是講「誠信」。

誠信，就是要說真話，道實情，守信用，講信任，說話算話。

誠信是一種可貴的品質。「言必信，信必行，行必果」，這種一諾千金、一言九鼎的精神。在中華民族博大精深的文化底蘊中，誠信二字的份量可謂沉甸甸的。因為講誠信，劉備實踐了自己的真言：「我得軍師，猶魚之得水也。」他充分信任、重用諸葛亮，最終成就了一番事業，同樣因為講誠信，諸葛亮知恩圖報，輔助後主，力保蜀漢政權，鞠躬盡瘁，死而後已。還是因為講誠信，關羽銘記「桃園結義」的誓言，「身在曹營心在漢」，「千里走單騎」，歷盡千辛萬苦也要回到劉備身邊。人們崇拜諸葛亮，敬仰關羽，就是崇拜、敬仰他們這種講誠信的可貴情操。

誠信是一種情感的表達。無論是夫妻、朋友還是同事甚至是陌生人，良好的溝通與交流講求的都是真情流露，這是建立在真誠表達、無欲無求的基礎之上的。現在，社會越來越開放，人際交往越來越頻繁，要獲得別人的情感認同，不斷取得信任，就應該「己所不欲，勿施於人」，「己欲立而立人」，從小事做起，友善待人。要知道，不管時代怎麼變，為人處世的基本準則不會變，也不能變。「人敬我一尺，我敬人一丈」，「人心換人心，八兩換半斤」，你待人友善，別人也會友善待你，否則，「針尖對芒刺」，只會兩敗俱傷。流露出每個人的真情，展現出每個人的誠信，生活怎能不美好！

誠信是一種巨大的力量，信任的基礎是信用，信用是處理市場關係的基本原則，也是處理人際關係的基本準則。一個不講信用和承諾的員工，在工作或生活中肯定得不到領導、同事、朋友乃至親人的信任，最終將成為孤家寡人，一事無成。同樣，一個不講信用和承諾的領導人，肯定得不到廣大群眾的信任，最終這個企業將失去應有的生機和活力。相反，如果人們彼此講求誠信，它所激發出來的力量是巨大的。誠信就像一輛直通車，選擇的是溝通心靈距離的最佳路徑，喚起的是一種大家發自肺腑的參與感、認同感和榮譽感。誠信還是最佳的粘著劑，它聚合的是人們對共同目標的不懈追求，構築的是幸福生活的歸宿。這是一種神奇的力量。孫子兵法云「上下同欲者勝」，講的就是這種神奇力量產生的結果。

誠信是一種高貴的姿態。常言道，勿以善小而不為，勿以惡小而為之，能為小善者必是真誠守信主人，必將是為大善者。雖然人不能以簡單的善惡標準來衡量，但沒有人喜歡和不善者在一起共事，在道德倫理面前，文明總是比邪惡高出一頭。

誠信是一種現實的需要。誠信也是一種重要的資源，對商家而言尤是如此。當今社會尤其是商業領域，不講誠信的現象屢見不鮮，結果導致假冒偽劣、合約欺詐、騙稅逃稅等違法經營屢禁不止，這不僅影響了經濟活動的健康進行，而且損害了個人、企業乃至國家的整體利益。時至今日，「明禮誠信」已被列為每個公民都必須遵守的基本道德規範之一。

在這個時代，人格信譽是自身最寶貴的無形資產，是每個人的立身之本。一個人如果時時、處處、事事講信用，那麼他的事業將會走向成功，人生將會亮麗多姿。反之，一個處處背離信用的人生將黯淡無光。香港商界人物李嘉誠關於成功的經驗說過：「人一生中最重要的是守信。我現在就算有多十倍的資金，也不足以應付那麼多的生意，而且很多是別人主動找我的，這些都是為人守信的結果。」一個人如果經常食言，久而久之他定會失去周圍人的支持和信任，最終會抑鬱、不得志。誠信是做人的起點，也是做人的歸宿。離開誠信二字，就沒資格談情感、氣節、教養。如果你是一個誠信的人，你將一生因此受益無窮。

商業上的承諾最為實在。

有一個信守承諾的例子發生於一九八二年。一個精神異常的人在美國強生公司（Johnson & Johnson）生產的「泰利諾」（Tylenol）膠囊中摻入氰化鉀，造成五個人死於非命，因而引發了「泰利諾危機」。公司當即發動全體員工將貨架上的產品全部收回。但第二天，加州又發現下毒的藥，說明下毒的不在於已收回的那批產品。於是強生董事長每半小時舉行一次記者會，向大眾說明真相，並向全美所有銷售網路回收產品，結果又發現兩瓶下毒的藥。強生原本可以不負責任，推給警方，但他們沒這樣做，反而在一周內重新設計新包裝；一月內新包裝開始生產，也就是說，從危機突發那一刻起，強生決策層根本沒想到成本。該公司耗資十一億美金回收九點三萬瓶泰利諾膠囊，並給消費者調換安全的泰利諾膠囊，使公司渡過了生存危機。事後，據華爾街分析家認為，強生是塞翁失馬。由於他們迅速反應，反而維持了顧客對其的忠誠，下毒事件曝光後已有半數顧客表示將不再買其產品，但到一九八五年，強生已收復近百分之三十五的市場。

俗話說，人以信為本，店無信不昌，人無信不立。真誠是要善良，守信是要律己。所謂信，是指信譽、信用。即切實履行和別人約定的事情與諾言，說到就要做到。這是為人的最基礎的根本，無論你是小貓還是大老虎，無一例外。

從小貓變老虎，
你一定要知道的事！

作　　者　曹啟鴻

發 行 人　林敬彬
主　　編　楊安瑜
編　　編　黃谷光
內頁編排　蘇佳祥（菩薩蠻）
封面設計　陳韻帆（好韻創意設計）

出　　版　大都會文化事業有限公司
發　　行　大都會文化事業有限公司
11051台北市信義區基隆路一段432號4樓之9
讀者服務專線：（02）27235216
讀者服務傳真：（02）27235220
電子郵件信箱：metro@ms21.hinet.net
網　　址：www.metrobook.com.tw

郵政劃撥　14050529 大都會文化事業有限公司
出版日期　2013年9月初版一刷
定　　價　250元
I S B N　978-986-6152-87-0
書　　號　Success066

First published in Taiwan in 2013 by
Metropolitan Culture Enterprise Co., Ltd.

4F-9, Double Hero Bldg., 432, Keelung Rd., Sec. 1,
Taipei 11051, Taiwan
Tel:+886-2-2723-5216　Fax:+886-2-2723-5220
Web-site:www.metrobook.com.tw
E-mail:metro@ms21.hinet.net

Cover Photography: front, heyshow/12171711

國家圖書館出版品預行編目(CIP)資料

從小貓變老虎，你一定要知道的事！/
曹啟鴻 著.--初版.--臺北市：大都會文化, 2013.9
256面；21×14.8公分

ISBN 978-986-6152-87-0（平裝）

1.企業領導　2.組織管理　3.自我成長

494.21　102016159

大都會文化
METROPOLITAN CULTURE

大都會文化
METROPOLITAN CULTURE

大都會文化
METROPOLITAN CULTURE

大都會文化
METROPOLITAN CULTURE